DFG

Mit wissenschaftlichen
Tiefseebohrungen
ins nächste Jahrhundert

D1724806

VCH

© VCH Verlagsgesellschaft mbH, D-6940 Weinheim (Bundesrepublik Deutschland), 1991

Vertrieb:

VCH, Postfach 10 11 61, D-6940 Weinheim (Bundesrepublik Deutschland)

Schweiz: VCH, Postfach, CH-4020 Basel (Schweiz)

United Kingdom und Irland: VCH (UK) Ltd., 8 Wellington Court, Cambridge CB1 1HZ (England)

USA und Canada: VCH, Suite 909, 220 East 23rd Street, New York, NY 10010-4606 (USA)

ISBN 3-527-27390-5   ISSN 0341-8847

DFG Deutsche Forschungsgemeinschaft

Mit wissenschaftlichen Tiefseebohrungen ins nächste Jahrhundert

Begründung für die weitere Mitarbeit der Geowissenschaften in der Bundesrepublik Deutschland am
Ocean Drilling Program (ODP)

Verantwortlich bearbeitet von Helmut Beiersdorf, Bundesanstalt für Geowissenschaften und Rohstoffe, Hannover
Koordinator des DFG-Schwerpunktprogramms
„Ocean Drilling Program/Deep Sea Drilling Project"
unter Mitarbeit von: Michael Wiedicke-Hombach, Bundesanstalt für Geowissenschaften und Rohstoffe, Hannover

Mitteilung XX der
Senatskommission für
Geowissenschaftliche
Gemeinschaftsforschung

Deutsche Forschungsgemeinschaft
Kennedyallee 40
D-5300 Bonn 2
Telefon: (0228) 885-1
Telefax: (0228) 8852221

Die Deutsche Bibliothek — CIP-Einheitsaufnahme

Mit wissenschaftlichen Tiefseebohrungen ins nächste Jahrhundert: Begründung für die weitere Mitarbeit der Geowissenschaften in der Bundesrepublik Deutschland am Ocean Drilling Pogram (ODP)/DFG, Deutsche Forschungsgemeinschaft. Bearb. von Helmut Beiersdorf. Unter Mitarb. von Michael Wiedicke-Hombach. — Weinheim; Basel (Schweiz); Cambridge; New York, NY: VCH, 1991
    (Mitteilung ... der Senatskommission für Geowissenschaftliche Gemeinschaftsforschung/ DFG, Deutsche Forschungsgemeinschaft; 20)
    ISBN 3-527-27390-5
NE: Beiersdorf, Helmut [Bearb.]; Deutsche Forschungsgemeinschaft; Deutsche Forschungsgemeinschaft/Kommission für Geowissenschaftliche Gemeinschaftsforschung: Mitteilung ...

Satz: Filmsatz Unger & Sommer GmbH, D-6940 Weinheim
Druck: betz-druck gmbh, D-6100 Darmstadt 12

Printed in the Federal Republic of Germany

Geleitwort

Seit 1968 werden die Ozeanböden mit Hilfe von Bohrungen in der Tiefsee geowissenschaftlich erforscht. Diese Aufschluß-Bohrungen wurden bis 1983 durch das Deep Sea Drilling Project (DSDP) mit dem Bohrschiff „Glomar Challenger" niedergebracht. Im nachfolgenden, 1983 gegründeten Ocean Drilling Program (ODP) arbeiten Geowissenschaftler und Techniker mit dem Bohrschiff „Joides Resolution" in allen Weltmeeren.

Zu den vielen bemerkenswerten Ergebnissen des Tiefseebohrens gehören die Bestätigung der Meeresbodenausbreitung (seafloor spreading) und der Nachweis, daß die Ozeanböden erdgeschichtlich junge Gebilde sind und einer dynamischen, sich ständig verändernden Erdkruste angehören.

Zwischen 1969 und 1974 sind wiederholt Geowissenschaftler aus der Bundesrepublik Deutschland zu den Bohrkampagnen des DSDP eingeladen worden. Die ersten Bewilligungen für koordinierte Vorhaben wurden im Normalverfahren 1974 ausgesprochen. Im gleichen Jahr wurde auf Vorschlag des Bundesministers für Forschung und Technologie (BMFT) zwischen der Deutschen Forschungsgemeinschaft (DFG) und der National Science Foundation der Vereinigten Staaten von Amerika ein Abkommen geschlossen, das die aktive Mitwirkung von Forschern aus der Bundesrepublik Deutschland an Planung und Durchführung des DSDP ermöglichte. Für damals eine Million US-Dollar pro Jahr, die nach einer vom BMFT getragenen Anlaufphase je zur Hälfte von der DFG und dem Bundesminister für Forschung und Technologie aufgebracht werden, war die Bundesrepublik Deutschland zusammen mit Frankreich, Großbritannien, Japan und der Sowjetunion Partner der Vereinigten Staaten von Amerika geworden.

Heute gehören dem internationalen Tiefseebohrprojekt ODP neben dem Hauptförderer, den Vereinigten Staaten von Amerika, weiterhin die Bundesrepublik Deutschland, Frankreich, Großbritannien und Japan an. Neu hinzugekommen ist ein Konsortium, bestehend aus Kanada und Australien, sowie ein Konsortium der European Science Foundation mit Schweden, Finnland, Norwegen, Island, Dänemark, Belgien, den Niederlanden, Spanien, Schweiz, Italien, Griechenland und der Türkei.

Nach dem Beitritt zum DSDP hatte die DFG im Herbst 1975 das Schwerpunktprogramm „Deep Sea Drilling Project" eingerichtet, das jetzt unter der

Bezeichnung „Ocean Drilling Program/Deep Sea Drilling Project" weiterge-
führt wird und an dem sich mehr als 100 Wissenschaftler aus deutschen Hochschulen, staatlichen Forschungseinrichtungen und der Industrie beteiligen. Mit
Dankbarkeit wird an dieser Stelle an das Wirken des unvergessenen ersten Ko-
ordinators in der schwierigen Startphase, Professor Dr. Hans Closs, Hannover,
erinnert, der inbesondere die Herren Dr. Friedrich Wilckens, BMFT, und
Dr. Franz Goerlich, DFG, für die Unterstützung des Projekts gewinnen konnte.

Der BMFT hat außerdem erhebliche Mittel aufgewendet, um notwendige
Vorerkundungen zu den Tiefseebohrungen mit anderen deutschen Forschungsschiffen zu ermöglichen. Über die Jahre hinweg hat sich die Mitarbeit der deutschen Wissenschaftler in den Tiefseebohrprogrammen fest etabliert, sie hat zu-
gleich erheblich zum quantitativen und qualitativen Wachstum der marinen
Geowissenschaften in der Bundesrepublik Deutschland beigetragen.

Die erste Phase des Ocean Drilling Program endet 1993. Die Diskussion um
eine Fortführung wird intensiv seit der zweiten Conference on Scientific Ocean
Drilling (COSOD-II) 1987 in Straßburg geführt.

Die vorgelegte Schrift möchte die Informationsbasis erweitern und soll zur
Meinungsbildung in dieser Diskussion beitragen. Sie soll insbesondere die sehr
positiven Auswirkungen herausstellen, die eine Beteiligung der Bundesrepublik
Deutschland am Ocean Drilling Program für die Geowissenschaften bei uns
hat. Dabei gilt es, das erarbeitete hohe Niveau im internationalen Wettbewerb
weiter voranzubringen und wichtige Beiträge zu aktuellen Fragestellungen des
globalen Geschehens zu erarbeiten.

Von den Teilnehmern des Kolloquiums des Schwerpunktprogramms „Ocean
Drilling Program/Deep Sea Drilling Project" der DFG, das vom 10. bis
12. Januar 1990 in Bremen stattgefunden hat, wurde dieses Dokument zur Vor-
lage bei der Deutschen Forschungsgemeinschaft und beim Bundesminister für
Forschung und Technologie verabschiedet. Damit verbunden ist die Hoffnung,
daß die vertrauensvolle Zusammenarbeit zwischen beiden Häusern als Basis für
die gemeinsame Unterstützung dieses internationalen geowissenschaftlichen
Gemeinschaftsprogramms auch künftig fortgesetzt werden kann.

Die Senatskommission für Geowissenschaftliche Gemeinschaftsforschung
der DFG hat das Programm von Beginn an ständig begleitet und mit hilfreichen
Empfehlungen unterstützt. Insofern ist es folgerichtig, daß die Schrift als Mitteilung der Senatskommission veröffentlicht wird. Herzlich sei all denen ge-
dankt, die mit Rat und Kritik zum Gelingen des Buches beigetragen haben.

Helmut Beiersdorf, Hannover
Herwald Bungenstock, Bonn
Hans-Dietrich Maronde, Bonn–Bad Godesberg

VI

Inhalt

Kurzfassung für den eiligen Leser

Im Jahr 1993 geht die erste Phase des internationalen Tiefseebohrprojekts Ocean Drilling Program (ODP) zu Ende, und die Vereinbarungen über die Zusammenarbeit zwischen der US National Science Foundation und den Partnerländern laufen aus. Seit 1974 beteiligt sich die Bundesrepublik Deutschland an der Erforschung der Ozeanböden durch Tiefseebohrungen, zunächst im Deep Sea Drilling Project mit dem Bohrschiff „Glomar Challenger" und seit 1983 im ODP mit dem Bohrschiff „Joides Resolution".

Das ODP kann schon jetzt ungewöhnliche wissenschaftliche Erfolge vorweisen. So sind zum Beispiel die Vereisungsgeschichte der Erde, Klimaschwankungen und Prozesse, die das Erdklima steuern, die Prozesse beim Entstehen neuer Erdkruste und deren Rückführung in das Erdinnere im Detail besser bekannt geworden. Modelle für das komplexe dynamische System Erde, in dem Atmosphäre, Biosphäre, Ozeane, Erdkruste und der sie unterlagernde Erdmantel in enger Wechselbeziehung stehen, wurden verfeinert.

Für die Zeit von 1993 bis 2002 wurde von den am ODP beteiligten Wissenschaftlern ein Langzeitprogramm entwickelt, welches so wichtige Ziele verfolgt wie das Erbohren des Erdmantels oder die Einrichtung eines ozeanweiten Netzes von Erdbebenmeßstationen in Tiefseebohrungen. Neuartige Konzepte für die Rohstoffsuche und zum Verständnis klimatischer Entwicklungen in Vergangenheit und Gegenwart werden sich ergeben.

Der finanzielle Beitrag wird für die Bundesrepublik Deutschland zwischen drei und vier Millionen US-Dollar pro Jahr liegen.

Die große Mehrheit der am ODP beteiligten Wissenschaftler in der Bundesrepublik Deutschland empfiehlt, daß sich die Bundesrepublik Deutschland auch an der zweiten Phase des ODP beteiligen sollte. Damit würden sich die deutschen Geowissenschaften nicht von diesem bedeutenden Programm der Grundlagenforschung abkoppeln, von dem sie viel profitiert haben und das die Geowissenschaften auch weiterhin auf dem Weg zu einem globalen Verständnis des Systems Erde voranbringen wird.

Rückschau und Ausblick

Seit dem Beginn seiner Kampagnen mit dem Bohrschiff „Joides Resolution"
im Jahr 1985 hat das internationale Tiefseebohrprojekt Ocean Drilling Program, das Nachfolgeprojekt des Deep Sea Drilling Project, unter Mitwirkung
der Bundesrepublik Deutschland erheblich zu den erdgeschichtlichen und na-
turwissenschaftlichen Erkenntnisfortschritten beigetragen, die das neue dynamische Bild unseres Planeten formten. So sind zum Beispiel die Vereisungsgeschichte der Erde, Klimaschwankungen und Prozesse, die das Erdklima steuern,
die Zerlegung des einstigen Riesenkontinents Pangäa in die heutigen Kontinentalfragmente und die Entwicklung von deren Rändern, die Prozesse bei der Kollision und Vernichtung von Erdkrustenplatten sowie die Entstehung und Entwicklung der ozeanischen Erdkruste durch die Resultate des DSDP und ODP
besser und zum Teil erstmalig überhaupt zu verstehen.

Die sich daraus ableitenden Modelle für das komplexe dynamische System
Erde, in dem Atmosphäre, Biosphäre, Ozeane, Sedimenthülle, Erdkruste und
Erdmantel in enger Wechselbeziehung stehen, sind verstärkt in den letzten Jah-
ren entwickelt worden; sie bedürfen jedoch noch einer intensiven Verfeinerung,
um die geodynamisch gesteuerten umweltrelevanten Trends der kommenden
Jahrzehnte besser bestimmen zu können (Abb. 1).

Das Ocean Drilling Program lieferte neben den erdgeschichtlichen auch
aktuogeologische Beiträge für die weltweiten Initiativen zur Erforschung der
Klimaprobleme (z.B. Kohlendioxid und globale Erwärmung), wie das International Geosphere-Biosphere Programme, World Climate Research Programme,
Joint Global Ocean Flux Study u.a.

Die bisherige Beteiligung der Bundesrepublik Deutschland hat den deutschen
Geowissenschaften einen großen Gewinn gebracht. Sie hat durch die enge Zusammenarbeit deutscher Wissenschaftler mit hochqualifizierten Wissenschaftlern der Partnerländer an Bord des Bohrschiffes „Joides Resolution" und in
den Beratungsgremien des Projekts zur Vermehrung von Wissen und Können
sowie zur Stimulierung von neuen Forschungsansätzen innerhalb der Bundesrepublik erheblich beigetragen. Andererseits war die Mitarbeit der Bundesrepublik wegen ihres erheblichen wissenschaftlichen, aber auch technischen Beitrags
zum Ocean Drilling Program bei den Partnern stets geschätzt. Mit deutscher

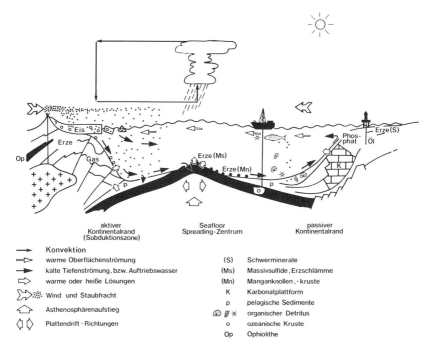

	Konvektion
	warme Oberflächenströmung
	kalte Tiefenströmung, bzw. Auftriebswasser
	warme oder heiße Lösungen
	Wind und Staubfracht
	Asthenosphärenaufstieg
	Plattendrift - Richtungen

(S)	Schwerminerale
(Ms)	Massivsulfide, Erzschlämme
(Mn)	Manganknollen, - kruste
K	Karbonatplattform
p	pelagische Sedimente
	organischer Detritus
o	ozeanische Kruste
Op	Ophiolithe

Abb. 1: Meeresboden, Wasserhülle, Atmosphäre, Polareiskappen und Biosphäre in Wechselbeziehung zueinander. Tiefseebohrungen helfen, diese Wechselbeziehungen und ihre erdgeschichtliche Bedeutung im Detail zu studieren.

Beteiligung wurden auch die Pläne für ein Bohrprogramm nach 1993, dem Ende der ersten Phase des Ocean Drilling Program, entwickelt. Es sieht eine Fortsetzung zunächst bis zum Jahr 2002 vor, mit bedeutenden Zielen wie

– Durchbohren der Mohorovičič-Diskontinuität und damit erstmals das Erreichen des Erdmantels im ungestörten Verbund von Erdkruste und Erdmantel,
– Einrichtung eines weltweiten Netzes von Bohrlochseismometern im Meeresboden zur Ermittlung des Spannungszustandes der Erdkruste,
– Erfassung und Deutung der magmatischen und hydrothermalen Prozesse in den Zentren der Meeresbodenneubildung,
– Erforschung von erdgeschichtlichen Veränderungen in Atmosphäre und Ozeanen, ihren Auswirkungen auf die Biosphäre sowie ihrer Abhängigkeit von Änderungen der Erdrotations- und Umlaufbahnparameter,

– Ermittlung des Verlaufs von Meeresspiegelschwankungen und
– Erforschung der Prozesse, die sich beim Zerbrechen von Kontinenten und
  bei der Kollision von Erdkrustenplatten abgespielt haben und noch ab-
  spielen.

Diese Forschungsarbeiten werden, wie in der Vergangenheit, auch in Zukunft
ihre praktische Auswirkung haben, zum Beispiel für die rohstoffexplorierende
Industrie durch die geopagelogische Erforschung der Tiefenwasserbereiche von
Kontinentalrändern, dem letzten großen Potential für Erdöl und Erdgas, oder
durch die Erforschung der magmatischen und hydrothermalen Prozesse an der
Grenze auseinanderstrebender Erdkrustenplatten mit ihren weitverbreiteten
Erzbildungen.

Die Bundesrepublik Deutschland sollte sich unbedingt auch an der zweiten
Phase des Ocean Drilling Program beteiligen, damit die deutschen Geowissenschaftler nicht von diesem bedeutenden Programm der Grundlagenforschung
abgekoppelt werden, welches die Geowissenschaften im kommenden Jahrzehnt
auch weiterhin auf dem Weg zu einem globalen Verständnis des Systems Erde
voranbringen wird.

1 Einleitung

Mehr als zwei Jahrzehnte standen Deep Sea Drilling Project (DSDP, 1966 bis 1983) und Ocean Drilling Program (ODP, 1983 bis heute) erfolgreich mit an der Spitze bei der internationalen Zusammenarbeit in der Grundlagenforschung. Sie hatten die Erforschung der Ozeanböden mit Hilfe von Tiefseebohrungen zum Ziel. Die beiden geowissenschaftlichen Programme wurden dabei allein vom guten Willen und dem Zusammengehörigkeitsgefühl der beteiligten Partner sowie von der Erkenntnis getragen, daß die systematische Erforschung der Ozeanböden mit Hilfe von Bohrungen nur durch eine große internationale Gemeinschaftsleistung möglich ist. Dabei ist bemerkenswert, daß beide Programme ohne eine internationale Dachorganisation auskamen.

Zwischen 1969 und 1975 sind zahlreiche Geowissenschaftler aus der Bundesrepublik Deutschland zu den Bohrkampagnen des DSDP, welches zunächst ein rein US-amerikanisches Unternehmen blieb, eingeladen worden. 1975 wurde nach intensiven Verhandlungen zwischen der Deutschen Forschungsgemeinschaft (DFG) und der National Science Foundation der Vereinigten Staaten von Amerika, die das DSDP von Anfang an gefördert hat, ein Abkommen geschlossen, welches die Mitwirkung von Forschern aus der Bundesrepublik Deutschland an Planung und Durchführung des DSDP garantierte. Für eine Million US-Dollar pro Jahr, die je zur Hälfte von der DFG und dem Bundesministerium für Forschung und Technologie (BMFT) aufgebracht wurden, war die Bundesrepublik Deutschland zusammen mit Frankreich, Großbritannien, Japan und der UdSSR Partner der Vereinigten Staaten von Amerika geworden. Damit begann die International Phase of Ocean Drilling (IPOD) des DSDP, die bis 1982 dauerte. 1983 begann das ODP.

Heute gehören dem internationalen Tiefseebohrprojekt neben den Vereinigten Staaten von Amerika weiterhin die Bundesrepublik Deutschland, Frankreich, Großbritannien und Japan an. Neu hinzugekommen sind ein Konsortium, bestehend aus Kanada und Australien, sowie ein Konsortium der European Science Foundation mit Schweden, Finnland, Norwegen, Island, Dänemark, Belgien, den Niederlanden, Spanien, der Schweiz, Italien, Griechenland und der Türkei.

1

Der Grundbeitrag der Bundesrepublik Deutschland beträgt heute 2,75 Millionen US-Dollar und wird weiterhin je zur Hälfte von BMFT und DFG getragen. Die DFG hat seit 1976 für die begleitenden Arbeiten das Schwerpunktprogramm ODP/DSDP eingerichtet und fördert dieses jährlich in Höhe von 2,6 bis 2,9 Millionen DM. Über Forschungsprojekte, Mitgliedschaften in Beratungsgremien sowie Forschungsfahrten zur Vorbereitung von Bohrungen sind ca. 200 Wissenschaftler, Ingenieure und Techniker aus der Bundesrepublik Deutschland am ODP beteiligt.

Schon das DSDP hatte mit dem Forschungsbohrschiff „Glomar Challenger" wesentliche Beiträge zum neuen geologischen Bild der Erde geliefert; im folgenden sei auf einige der Hauptergebnisse verwiesen:

- Ozeanböden sind im Vergleich mit der ältesten kontinentalen Kruste sehr junge Gebilde (3,5 Milliarden gegenüber 0,2 Milliarden Jahre);
- ozeanische Erdkruste wird durch aufquellende Gesteinsschmelzen an den mittelozeanischen Rücken neu gebildet und bewegt sich von dort mit Geschwindigkeiten von cm–dm/Jahr auseinander (Abb. 2);
- bei ihrer Wanderung wird die ozeanische Kruste mit Sedimenten beladen, in denen sich die Veränderungen der Umweltbedingungen und der marinen Lebewelt in Raum und Zeit widerspiegeln;
- die magmatische ozeanische Kruste sinkt beim Erkalten und durch steigende sedimentäre Auflast systematisch ab, im Extremfall wird sie in Subduktionszonen in die Asthenosphäre zurückgeführt.

Auch wirtschaftlich relevante Ergebnisse kann das DSDP aufweisen: Neben der Tatsache, daß zum ersten Mal und unerwartet in über 3000 Meter Wassertiefe erdölhaltiges Gestein angebohrt wurde, hat allgemein die Erforschung der alten Bruchränder der Kontinente, des letzten großen Erdölpotentials, wichtige Erkenntnisse zur Erdölentstehung gebracht und zur Verbesserung von Explorationsstrategien beigetragen. Es muß aber hier ausdrücklich vermerkt werden, daß weder DSDP noch ODP auf das Auffinden von Erdöl und Erdgas ausgerichtet sind. Vielmehr mußten und müssen Erdöl- und Erdgasspeichersituationen beim Bohren vermieden werden, weil es mit der angewendeten Bohrtechnik keine Möglichkeiten gab und gibt, unkontrollierte umweltschädigende Austritte von Erdöl und Erdgas zu vermeiden.

Die Verfeinerung biostratigraphisch begründeter geologischer Zeitskalen wurde möglich, weil unter Meeresbedeckung Sedimentabfolgen erbohrt wurden, die vollständiger als an Land erhalten sind und aus denen evolutionäre Tendenzen von Mikroorganismen besser rekonstruiert werden können. Die rohstoffexplorierende Industrie ist auf genaueste Altersbestimmungen angewiesen.

2

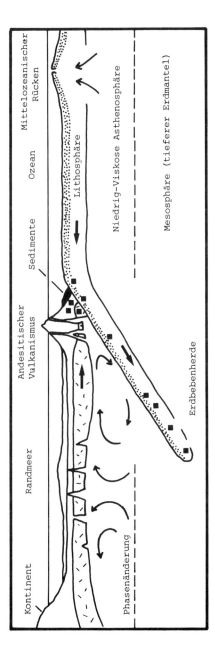

Abb. 2: Ein Schnitt durch Kruste und Mantel zeigt, wie man sich Bildung und Subduktion von Lithosphäre vorstellen muß. An den Spreizungszentren der mittelozeanischen Rücken dringt Magma aus dem Mantel auf, neue Lithosphäre entsteht. Dort, wo die Lithosphären-Platte in den Erdmantel eintaucht, formt sich ein Tiefseegraben. Erdbeben (schwarze Quadrate) häufen sich im oberen Teil der abtauchenden Platte. Die Pfeile in der Asthenosphäre zeigen die Richtung denkbarer lokaler Konvektionsströme. Diese sekundären Konvektionsströme in dem Asthenosphärenkeil zwischen aktiver und abtauchender Platte können unter dem Randmeer weitere Spreizungszentren entstehen lassen (aus Toksöz, N. 1987: Die Subduktion der Lithosphäre. In: Ozeane und Kontinente, Spektrum der Wissenschaft, 106–117).

Auch über die Entstehung von Erzen im Zusammenhang mit untermeerischem Vulkanismus haben die Bohrungen wichtige Informationen geliefert. Sie boten ebenfalls Ansätze für neue Explorationsstrategien (z. B. für Lagerstätten in den Ophiolithkomplexen).

Obwohl die „Glomar Challenger", als sie 1968 in Dienst gestellt wurde, eine technische Sensation war, wurde sie zehn Jahre später übertroffen von mehreren Generationen größerer und besserer Bohrschiffe – ihre Ausrüstung entsprach nicht mehr den Erfordernissen der modernen Wissenschaft.

Das ODP trat 1983 die Nachfolge des DSDP an. Die ersten ODP-Bohrungen wurden 1985 niedergebracht. Das moderne und größere Bohrschiff „Joides Resolution" (Abb. 3), mit wesentlich erweitertem Einsatzbereich, ersetzte die „Glomar Challenger".

Abb. 3: Das ODP-Bohrschiff „JOIDES RESOLUTION" mit seinem mehr als 60 Meter hohen Bohrturm. Das Schiff ist in der Lage, bis in Wassertiefen von 8200 Metern Sedimentkerne aus dem Ozeanboden zu gewinnen.

4

Basierend auf den Ergebnissen der ersten Conference on Scientific Ocean Drilling (COSOD-I) 1981 wurde der Rahmen des ODP-Bohrprogramms für zunächst neun Jahre abgesteckt. Seine Hauptthemen waren:

- Entstehung und Entwicklung der ozeanischen Kruste,
- tektonische Entwicklung der Kontinentalränder und der ozeanischen Kruste,
- Entstehung und Entwicklung mariner Sedimentabfolgen,
- Ursachen der langzeitigen Veränderungen der Atmosphäre, Ozeane und Eisschilde sowie des marinen Lebens und des Erdmagnetfeldes.

Damit zielte das ODP auf die Verfeinerung von Stoffbilanzen und Modellen, auf das Erkennen von Prozessen, insbesondere auch von Wechselwirkungen der verschiedenen Erdsphären miteinander.

Noch bewegen sich die Bohrungen der „Joides Resolution" in diesem Rahmen. Aber infolge des rasanten Erkenntniszuwachses in den marinen Geowissenschaften werden neue erweiterte Ziele, die auf der zweiten Conference on Scientific Ocean Drilling (COSOD-II) von 1987 erarbeitet wurden, angegangen. Dabei stehen folgende Kernthemen im Vordergrund:

- Veränderungen der vergangenen globalen Umweltverhältnisse und Vorhersage der zukünftigen Entwicklung,
- Mantel-Kruste-Wechselwirkungen,
- Fluidzirkulation in der Kruste sowie in Sedimenten und ihr Einfluß auf den globalen geochemischen Stoffkreislauf im Ozean,
- Streß und Deformation der Lithosphäre,
- evolutionäre Prozesse mariner Lebensgemeinschaften.

Diese Themen zeigen die Fortsetzung eines weiteren Trends von COSOD-I, die thematische Konzentration.

Die bereits erreichten Ziele von ODP und ihre Auswirkungen auf die Geowissenschaften in der Bundesrepublik sollen im folgenden zusammen mit der ODP-Langzeitplanung dargestellt werden.

Der Anhang enthält nützliche Details zu Geschichte, Struktur, Management und Finanzierung des ODP sowie eine Dokumentation von deutschen wissenschaftlichen Beiträgen zum ODP.

2 Die wichtigsten wissenschaftlichen Ergebnisse des ODP (1985 bis 1989)

Bis 1989 haben 28 Bohrfahrten der „Joides Resolution" stattgefunden. Sie führten das Schiff vom nördlichen Atlantischen in den östlichen Pazifischen Ozean, in den Südatlantik einschließlich des Weddell-Meeres, von dort in den Indischen Ozean und erneut in den Pazifischen Ozean und seine Randmeere (Abb. 4). Dabei wurde eine große Anzahl wichtiger Entdeckungen gemacht:

– ODP-Bohrungen in hohen nördlichen und südlichen Breiten haben *neue Informationen zum Beginn der pleistozänen Vereisung* gebracht (s. Abschnitt 2.1);
– gekoppelt mit neuentwickelten hochauflösenden Bohrlochmeßmethoden wurden neue *Erkenntnisse über die Natur der Klimaschwankungen und die Prozesse* gewonnen, *die das Erdklima kontrollieren* (s. Abschnitt 2.2);
– die technischen Voraussetzungen für *Langzeitbeobachtungen und -experimente in ozeanischen Spreizungszentren* wurden durch erfolgreiche Bohrungen in jüngster, gerade entstandener ozeanischer Kruste verbessert (s. Abschnitt 2.3);
– mit der dabei eingesetzten Technik wurde auch *zum ersten Mal eine zusammenhängende Sektion der ozeanischen Unterkruste erbohrt* sowie petrographisch und geochemisch untersucht (s. Abschnitt 2.3);
– mit ausgedehnten Bohrlochmeßprogrammen und -experimenten sowie speziell für das ODP entwickelten Meßgeräten wurden in den drei tiefsten Bohrlöchern innerhalb der ozeanischen Kruste einzigartige *Daten zum derzeitigen physikalischen Zustand von alter und junger ozeanischer Kruste* gewonnen (s. Abschnitt 2.3);
– wichtige Beiträge zur *Unterscheidung von passiven Kontinentalrändern* auf der Basis *„vulkanischer" gegenüber „zerbrochenen" Rändern* wurden geliefert (s. Abschnitt 2.4);
– ähnlich intensiv wurden die *physikalischen Prozesse entlang der Hauptüberschiebungsbahn von Subduktionszonen* studiert (s. Abschnitt 2.5);
– *plattentektonische Modelle wurden verfeinert* (s. Abschnitte 2.6 und 2.7).

7

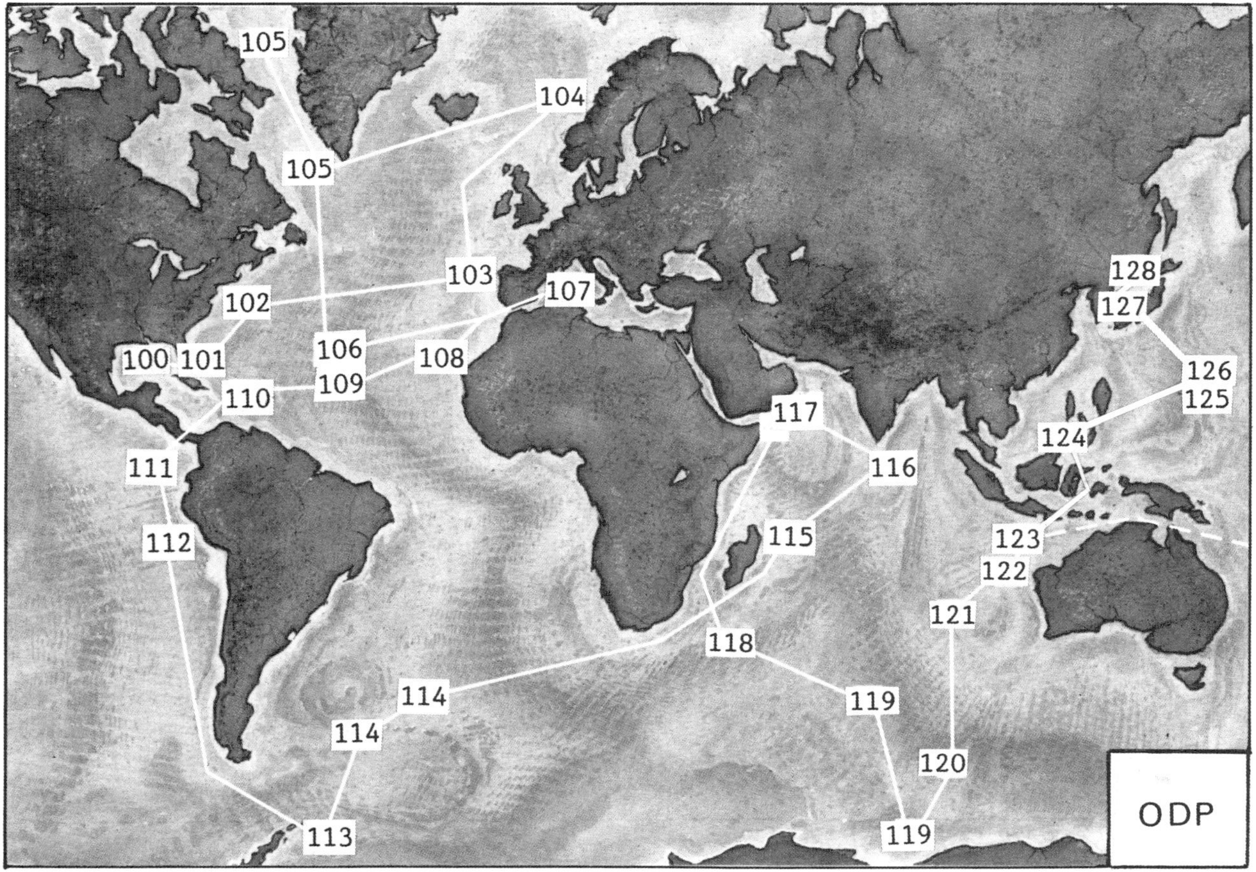

Abb. 4: Die Zielgebiete der Fahrten 100–128 des ODP Bohrschiffes „JOIDES RESOLUTION".

Aus der großen Fülle von Beobachtungen und Neuentdeckungen können an dieser Stelle lediglich auszugsweise die wichtigsten Ergebnisse wiedergegeben werden.

Ausführliche Darstellungen enthalten in erster Linie die „Proceedings of the Ocean Drilling Program", die die Reihe der „Initial Reports of the Deep Sea Drilling Project" abgelöst haben. Wissenschaftliche Kurzberichte werden jeweils im Anschluß an die Bohrfahrten in den Zeitschriften „Geotimes" und „Nature" veröffentlicht. Ferner wird ein Großteil spezieller Ergebnisse in der offenen Literatur publiziert.

Nachfolgend wird eine Ergebnisübersicht gegeben.

2.1 Vereisungsgeschichte

Die großen Eismassen unserer Erde beeinflussen die Albedo, die Höhenverteilung auf der Erdoberfläche und den Temperaturgradienten der Erde. Daher ist die Kenntnis der Vereisungsgeschichte wichtig für das Verständnis der Klimaentwicklung in der jüngsten Erdgeschichte (Abb. 5).

Labrador-See und Baffin-Bucht (ODP-Leg 105):

- Die Hauptvereisung setzte in der Baffin-Bucht mindestens vor 3,4 Millionen Jahren ein, in der südlichen Labrador-See erst vor 2,5 Millionen Jahren.
- Vor 7,5 Millionen Jahren (Obermiozän) verstärkte sich bereits die Bodenwasserzirkulation im Bereich von Baffin-Bucht und Labrador-See, wahrscheinlich als Folge beginnender Abkühlung.

Norwegische See (ODP-Leg 104):

- Im Europäischen Nordmeer lassen sich bereits um 10 Millionen Jahre vor heute erste Vereisungsanzeichen nachweisen.
- Phasenweise Abkühlung der nördlichen Hemisphäre verstärkt sich entscheidend im Zeitraum zwischen 4 und 3,2 Millionen Jahren vor heute und führt ab 2,6 Millionen Jahren zur Ausbildung stark veränderlicher ozeanographischer Verhältnisse mit charakteristischen Glazial-, Interglazial-(Eiszeit-, Zwischeneiszeit-)Sedimentationszyklen.
- Für eine frühe Phase zwischen 2,6 und 1,2 Millionen Jahren sind relativ gemäßigt-glaziale Verhältnisse rekonstruiert worden. Diese sind durch verhältnismäßig kleindimensionierte kontinentale Eismassen, überwiegend zonale

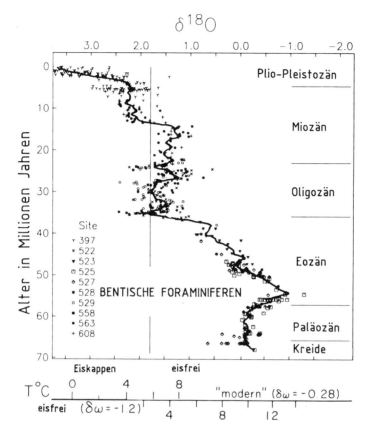

Abb. 5: Temperatur-Geschichte des ozeanischen Tiefenwassers der vergangenen 70 Millionen Jahre. Dargestellt ist die stabile Sauerstoffisotopen-Kurve benthischer Foraminiferen von DSDP-Bohrungen aus dem Nordatlantik. Werte links der vertikalen Linie (bei 1,8‰) sprechen für die Existenz eines großen Eisschildes in hohen Breiten. Zusätzlich zu einer heute gültigen Temperaturskala ist noch eine Version hinzugefügt, die bezogen auf völlig eisfreie Verhältnisse berechnet wurde (aus Miller et al. 1987: Tertiary oxygen isotope synthesis, sealevel history, and continental margin erosion. Paleoceanography 2 (1), 1–19).

Zirkulation und einen lediglich episodisch auftretenden, eng gebündelten Norwegenstrom gekennzeichnet.
- Die ozeanographischen Verhältnisse sind besonders in der Zeit seit 1,2 Millionen Jahren durch drastische Veränderungen charakterisiert. Glaziale Sta-

dien zeigen eine weiträumige Verbreitung von Eisschilden und Packeis auf dem Europäischen Nordmeer mit einer deutlichen Verlangsamung des Tiefenwasseraustauschs, zumindest auf der östlichen Seite. Im Gegensatz dazu stehen die interglazialen Zeitabschnitte mit starker Advektion von warmem Oberflächenwasser in der Verlängerung des Golfstromes, die eine stark ausgeprägte Asymmetrie (weitgehend eisfrei im Westen, Inlandeiskappe über Grönland und Packeis im Osten) bewirkt sowie eine intensive Tiefenwasserbildung und schnellen Austausch der Bodenwassermassen hervorruft.

Weddell-Meer (ODP-Leg 113):

— Im Paläozän dominierte in der Antarktis noch warmzeitliche Verwitterung.
— Erste Anzeichen für die Produktion von kaltem antarktischem Bodenwasser sind am Übergang vom Eozän zum Oligozän festzustellen.
— Der Beginn der Vereisung der Antarktis verlief offenbar nicht synchron: In der Ostantarktis begann sie im Oligozän, in der westlichen Antarktis erst im Miozän, im Oligozän anfänglich mit starken Fluktuationen in der Vereisungsintensität.
— Das Ausmaß der eisbedeckten Flächen veränderte sich in den letzten 5 Millionen Jahren vermutlich nicht wesentlich.

Prydz-Bucht und Kerguelen-Plateau (ODP-Legs 119 und 120):

— Glaziale Bedingungen herrschten im Küstengebiet der Prydz-Bucht schon am Ende des Eozäns, vielleicht schon im mittleren Eozän, verbunden mit dem Einsetzen mariner Bedingungen am antarktischen Kontinentalrand nach dem Zerbrechen von Gondwana.
— Glaziale Ereignisse im unteren Oligozän der Prydz-Bucht korrespondieren zeitlich mit eisverfrachtetem Material am Kerguelen-Plateau.
— Für diese hohen Breiten ungewöhnliche, gemeinsame Vorkommen von kieseligen und kalkigen Mikrofossilgruppen im Miozän des Kerguelen-Plateaus ergaben wichtige Referenzprofile für Untersuchungen mit stabilen Isotopen sowie für bio- und magneto-stratigraphische Studien.

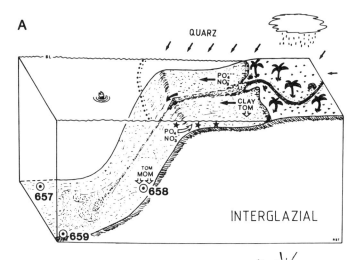

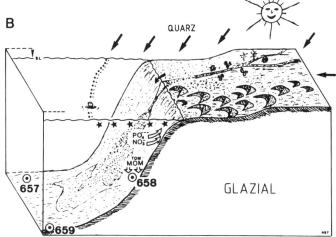

Erläuterungen zum Ablagerungsmodell

TOM (MOM)	=	Terrigenes (Marines) organisches Material
(arrow)	=	Passatwinde (Motor für Küstenauftrieb) (verstärkt im Glazial, abgeschwächt im Interglazial)
(arrow)	=	Auftrieb nährstoffreicher Wassermassen (verstärkt im Glazial, abgeschwächt im Interglazial)
(arrow)	=	fluviatile Zufuhr von Nährstoffen, TOH- und Tonfraktion (erhöht im Interglazial, da humides Klima)
★ ★	=	Bereich erhöhter ozeanischer Produktivität

2.2 Klimaschwankungen und Prozesse, die das Erdklima steuern

Die Monsun-Zirkulation ist ein wesentlicher Bestandteil der atmosphärischen Zirkulation in den Tropen, besonders im nördlichen Indik. Ihre geologische Geschichte wird dort von Veränderungen der Sonneneinstrahlung als Folge von Veränderungen der Parameter der Erdrotation und der Erdumlaufbahn kontrolliert und von der Entwicklung des Himalaya (Vergletscherung, Albedoeinfluß). Wesentlich schwächer ausgeprägt als im Indik ist die dem Monsun entsprechende Zirkulation im östlichen Atlantik.

Mit entsprechenden Bohrprogrammen wurde die Geschichte dieser unterschiedlichen Zirkulationssysteme, die von der Sedimentationsgeschichte wiedergegeben wird, im Detail untersucht.

Östlicher Atlantik (ODP-Leg 108):

— Von vor 30 Millionen bis vor etwa 4 Millionen Jahren veränderte sich die Sedimentation am westafrikanischen Kontinentalrand nur wenig. Vor 4 Millionen Jahren setzte verstärkter Staubflug aus der Sahel und Südsahara ein; vor 3 Millionen Jahren versiegten die Flüsse aus der Zentral-Sahara. Diese Zeitfolge widerspricht dem Modell, daß die Hebung Tibets den globalen Klimaumschwung verursacht habe.
— Für die letzten 3 Millionen Jahre zeigte die Sedimentation eine stark erhöhte biologische Auftriebsproduktivität. Typisch für diesen Zeitraum sind Eiszeit-Zwischeneiszeit-Zyklen mit abwechselnd ariden und humiden Klimabedingungen in Nordwestafrika (Abb. 6).
— In dem permanenten Auftriebsgebiet vor der westafrikanischen Küste ließ sich ein dominanter 100 000-Jahre-Zyklus für die letzten 700 000 Jahre nachweisen.

← **Abb. 6:** Sedimentablagerungsmodelle für den nordwestafrikanischen Kontinentalrand für Zwischeneiszeiten (Interglazial) und Eiszeiten (Glazial) (nach Stein, R. et al. 1989: Accumulation of marine and terrigenous organic carbon at upwelling site 658 and non-upwelling sites 657 and 659. Implications for reconstruction of paleoenvironment in the Northeast Atlantic through late Cretaceous times. In: Ruddimann, W.; Sarnthein, M. et al. (eds.): Proc. ODP, Sci. Results *108*. College Station, Texas (Ocean Drilling Program)).

- Erstmals können Logging-Daten an Bohrkernen mit Klimaschwankungen korreliert werden.
- Die geologische Zeitskala konnte erstmals auf ca. 10000 Jahre genau durch Sauerstoff-Isotopenkurven bis an die Basis des Pliozäns erweitert werden.

Golf von Bengalen und westlicher Indik (ODP-Legs 116 und 117):

- Die Heraushebung des Himalaya setzte vor ca. 20 Millionen Jahren ein und damit 10 Millionen Jahre früher als bisher angenommen, eine für die Monsunentwicklung wichtige Erkenntnis.
- Der Monsun und der damit verbundene küstennahe Auftrieb vor der Arabischen Halbinsel setzte im Indischen Ozean vor 8 bis 10 Millionen Jahren ein.
- Mit zunehmender Heraushebung des Himalaya war eine Verstärkung des Monsuns verbunden („Lapse Rate"-Effekt).
- Die Monsunintensitätswechsel sind mit Milankovitch-Zyklen korreliert (Umlaufbahneffekt).
- Die Tiefe der Sauerstoffminimumzone im östlichen Indischen Ozean hängt von der Monsuntätigkeit sowie von den Zuflüssen aus dem Roten Meer und der Aktivität des antarktischen Bodenwasserstroms ab.

2.3 Entstehung und Entwicklung der ozeanischen Kruste

Bohrungen in die tieferen Schichten der ozeanischen Kruste zur Erforschung ihrer geochemischen Entwicklung als auch zur Untersuchung der Prozesse, die mit der Wechselwirkung zwischen heißem Krustengestein und kaltem Meerwasser zusammenhängen, haben seit den späten siebziger Jahren eine hohe Priorität im Internationalen Tiefseebohrprojekt.

Das generelle thematische Ziel von Bohrungen in die Lithosphäre ist, ein Gesamtverständnis von Entstehung und Weiterentwicklung der ozeanischen Kruste und des sie unterlagernden Erdmantels zu erzielen. Die höchsten Prioritäten hatten dabei bisher die Ermittlung von Struktur, Zusammensetzung und Alterationsgeschichte der ozeanischen Kruste sowie die Charakterisierung der Prozesse der Magmenentstehung, Krustenakkretion und hydrothermalen Zirkulation.

Zum Erreichen dieser Ziele mußten neu zu entwickelnde Techniken sowohl beim Bohren als auch bei der geophysikalischen Bohrlochmessung eingesetzt werden.

Alte Atlantik-Kruste (ODP-Leg 102):

- Eine laterale Anisotropie der ozeanischen Kruste wurde ermittelt. Ihre Ursache ist entweder eine strukturelle Anisotropie oder in situ-Streß.
- Bisher kaum bekannte Unterschiede zwischen Kissenlava- und Massivbasaltkomplexen wurden mit gesteinsphysikalischen Parametern durch 14 verschiedene Bohrlochmeßreihen herausgearbeitet.
- Mit einem deutschen 3D-Bohrlochmagnetometer wurden neben einer Polaritätsumkehr der Krustenmagnetisierung starke Feldintensitätsschwankungen mit bisher nicht bekannter hoher Frequenz ermittelt (Abb. 7).
- Zum ersten Mal konnte mit Hilfe der 3D-Magnetometermessungen aus einem Tiefseebohrloch die Wanderung des magnetischen Nordpols rekonstruiert werden.

Jüngste Atlantik-Kruste (ODP-Legs 106 und 109):

- Erstmals wurden mit einer am Bohrstrang befestigten Fernsehkamera am Mittelatlantischen Rücken „schwarze Raucher oder Schornsteine" (englisch auch „black smoker" genannt) aus Kupfer-, Zink- und Eisensulfiden lokalisiert.
- Erstmals konnte ein erkaltetes Magmareservoir im Bereich des Axialgrabens des Mittelatlantischen Rückens erbohrt werden. Ultramafische Gesteine, wie Serpentinite und Harzburgite im Zentralgraben, deuten auf diskontinuierliche Magmakammern und Auftrieb des Erdmantels hin. Dies scheint ein Charakteristikum für „langsame" Spreizungsachsen zu sein.

Junge Kruste am Costa-Rica-Rift, östlicher Äquatorialpazifik (ODP-Leg 111):

- Die bislang tiefste Bohrung (DSDP Hole 504B) in ozeanischer Kruste, die seit 1979 mehrfach wieder aufgesucht und vertieft worden war, wurde auf ihre vorläufige Endtiefe von 1562 Meter gebracht. Sie ist das erste „natürliche Laboratorium" in ozeanischer Kruste, in welchem Langzeitmeßreihen zum Beispiel zur Permeabilität und hydrothermalen Zirkulation erstellt wurden.
- Es wurde erstmals der Nachweis erbracht, daß auch bei mehreren hundert Metern Sedimentbedeckung die ozeanische Kruste konvektiv abgekühlt werden kann, das heißt mittels Fluidtransport durch die Sedimentdecke hindurch.
- Auch nach 1944 Tagen des Offenhaltens der Bohrung 504B floß noch immer Meerwasser vom Bohrloch in die permeable obere ozeanische Kruste hinein.

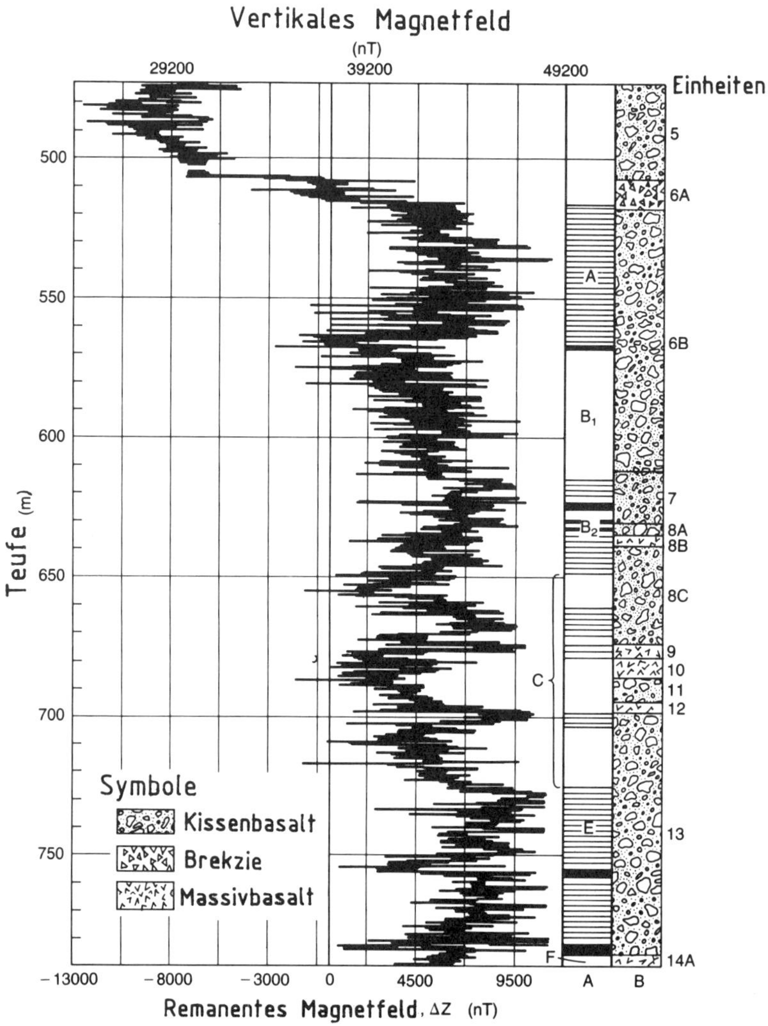

Abb. 7: Log von ODP-Bohrung 418A mit dem 3D-Magnetometer der Bundesanstalt für Geowissenschaften und Rohstoffe, Hannover. Dargestellt ist die Vertikalkomponente des Erdmagnetfeldes gegen Teufe (Normalwert in Bohrung 418 = 37 200 nT).
A: Log-Gliederung in qualitative magnetische Zonen
B: Lithologisches Bohrprofil (nach Donelly, Francheteau et al.)
(aus Bosum, W.; Scott, J. H. 1988: Interpretation of magnetic logs in basalt, Hole 418A. In: Salisbury, M.; Scott, J. et al. (eds.): Proc. ODP, Sci. Results *102*. College Station, Texas (Ocean Drilling Program)).

16

- Der Nachweis wurde geführt, daß die hydrothermale Zirkulation nicht dem simplen Modell eines einfachen Kreislaufs folgt, sondern sehr komplex sein kann: So wurde eine Umkehr des Wärmeflusses in der unteren Oberkruste ermittelt.
- Die Bohrung, die zur Zeit ihre Endteufe im Gangscharen-(Sheeted-Dykes-) Komplex hat, steht nach vertikalseismischen Bohrlochmessungen nur 450 Meter über der Gabbroschicht – sie bietet also die Möglichkeit, zum ersten Mal eine vollständige Sektion bis in die Unterkruste zu erbohren.

Längste Sektion der ozeanischen Unterkruste im Indischen Ozean erbohrt (ODP-Leg 118):

- Olivinreiche Gabbros und andere basische Gesteine, die der tieferen ozeanischen Kruste zugerechnet werden, wurden durch eine 500 Meter tiefe Bohrung in der Atlantis II-Bruchzone am Südwestindischen Rücken erbohrt sowie petrographisch und geochemisch untersucht. Die Gesteine repräsentieren eine fossile Magmakammer.
- Tektonik und hydrothermale Zirkulation haben die Gesteine deformiert und metamorphosiert – dies ist für die ozeanische Kruste eine wichtige Erkenntnis.
- Auch bei sehr geringen Krustenpermeabilitäten kann die hydrothermale Zirkulation aufrecht erhalten bleiben.
- Zum ersten Mal erhielt man in situ-Informationen von physikalischen Parametern der ozeanischen Unterkruste (z. B. Porosität, Permeabilität, seismische Geschwindigkeiten, Magnetisierung).

Hot-Spot-Entwicklung und Verstellung des Erdkörpers gegenüber seiner Drehachse (ODP-Leg 115, westlicher Indischer Ozean; ODP-Leg 121, östlicher Indischer Ozean):

- Von den Deccan-Basalten Indiens bis zur Insel Reunion besteht eine Hot-Spot-Spur. Die Altersabfolge von erbohrten Basalten vom Lakkadiven-, Malediven- und Chagos-Rücken bestätigen die seit 100 Millionen Jahren anhaltende Nordbewegung der Indischen Platte über eine thermische Anomalie (Hot-Spot), die heute bei der Insel Reunion liegt.
- Die Deccan-Plateaubasalte Indiens und dieser Hot-Spot-Vulkanismus lassen sich eindeutig mit katastrophalen Folgen für die Umwelt dieser Zeit in Verbindung bringen, das heißt mit dem Massensterben an der Kreide-Tertiär-Grenze.
- Aus der Magnetisierung der Basalte entlang der Hot-Spot-Spur läßt sich ableiten, daß der Hot-Spot seine geographische Breite in den letzten 35 Millio-

nen Jahren um ca. 8° nach Norden verlegt hat. Dies korrespondiert mit einer zeitgleichen Bewegung des Hawaii-Hot-Spots um etwa den gleichen Betrag nach Süden. Es könnte sein, daß der Erdkörper seine relative Lage zu seiner Rotationsachse verändert hat.

– Der 90°E-Rücken, die Spur der nordwärts gerichteten Bewegung der Indischen Platte über den Kerguelen-Hot-Spot, wurde durch subaerische oder flachmarine Eruptionen leicht differenzierter tholeiitischer Laven aus diskreten Eruptionszentren gebildet.

2.4 Entwicklung passiver Kontinentalränder

Das Zerbrechen und Auseinanderdriften von Lithosphäre ist eines der drei Hauptelemente der Plattentektonik. Dieses „Rifting" resultiert in der Regel in passiven Kontinentalrändern unterschiedlichster Prägung. Der Unterscheidung liegen zwei Endglieder zugrunde:

– passive Kontinentalränder mit großen vulkanischen Ereignissen in ihrer Frühphase und
– Ränder ohne große vulkanische Ereignisse, an denen aber Bruchtektonik dominiert.

Diese relativ junge Erkenntnis hat erhebliche Konsequenzen für die Erklärung geodynamischer Prozesse und für die Rekonstruktion der Klimageschichte. Schließlich hat die Entdeckung der „vulkanischen" passiven Ränder und die Tatsache, daß sie offensichtlich weiter verbreitet sind als lange Zeit angenommen, auch wirtschaftliche Bedeutung: Ihre weite Verbreitung vermindert das Kohlenwasserstoffpotential der passiven Kontinentalränder erheblich.

Galten die „Rift"-Ränder in der Vergangenheit als relativ einfache geologische Gebilde, so zeigten gerade die Tiefseebohrungen, daß ihre Entstehung und Entwicklung alles andere als leicht zu verstehen sind. Besonders die Tatsache, daß es entgegen landläufiger Ansicht an ihnen neben der dominierenden Subsidenz zwischendurch auch erhebliche Hebungen geben kann, ist neu und durch ODP-Bohrungen belegt.

Vulkanische passive Kontinentalränder (ODP-Leg 104, Norwegische See):

– Am Vöring-Plateau vor Norwegen gelang der Beweis, daß die weitverbreiteten keilförmigen Komplexe von meerwärts geneigten und sich in dieser Richtung verdickenden seismischen Schichten aus Vulkaniten bestehen. Sie bestehen dort aus eozänen Tholeiiten, die von Trachybasalten mit kontinentalen Xenolithen unterlagert werden, also eine kontinentale Unterlage des Komplexes bestätigen (Abb. 8).

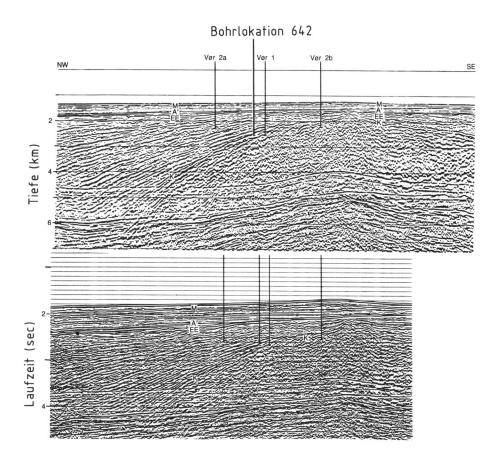

Abb. 8: Beispiel der Sequenz seewärts einfallender seismischer Reflektoren, hier vom Gebiet des Vöring Plateaus vor Norwegen. Laufzeitprofil (unten) und berechnetes Tiefenprofil (oben). Angegeben ist auch die Bohrung 642 des Fahrtabschnittes 104. (Seismik nach Hinz, K. aus Eldholm, O. et al. 1987: Evolution of the Norwegian continental margin: Background and objectives. In: Eldholm, O.; Thiede, J.; Taylor, E. et al. (eds.): Proc. ODP, Init. Repts. *104*. College Station, Texas (Ocean Drilling Program)).

Passive Kontinentalränder des „rifted" Typs (ODP-Leg 103, Galizia-Bank; ODP-Leg 121, Broken Ridge; ODP-Leg 122, Exmouth-Plateau):

- An der Galizia-Bank vor der Iberischen Halbinsel wurde an einem submarinen Rücken Peridotit erbohrt, der möglicherweise Mantelmaterial darstellt, welches als Teil eines beim Rifting entlasteten tektonischen Splitters in dieses flache Niveau gelangte (dies wäre ein Beweis für das „Simple Shear Model"). Eine andere Erklärung könnte sein, daß es sich um einen paläozoischen Ophiolith aus dem kontinentalen Grundgebirge des Kontinentalrandes handelt.
- Hebungen von 2000 Metern in der Riftphase konnten auch für den Broken Ridge, ein Fragment eines Mikrokontinents im Indischen Ozean, durch Bohrungen nachgewiesen werden.
- Ähnlich wurden auch am Exmouth- und am Wombat-Plateau (NW-Australien) lokale Hebungen während der Hauptdehnungsphase beim Rifting durch Bohrungen nachgewiesen.

2.5 Fluide in Verschuppungskomplexen aktiver Kontinentalränder (ODP-Leg 110, Barbados; ODP-Leg 112, Peru)

Bei der Entstehung von Verschuppungskomplexen aktiver Kontinentalränder spielen migrierende, aus Poren unter tektonischem Druck ausgequetschte Fluide und gravitativ beeinflußte Aquifere eine wesentliche Rolle. Die Fluide entziehen den subduzierten Sedimenten und der ozeanischen Kruste Stoffe, die ihrerseits für die Zementation von Poren im Akkretionskeil benutzt werden oder am Meeresboden aus Quellen dem Meerwasser zugeführt werden. Diese Zuflüsse beeinflussen wahrscheinlich die Meerwasserzusammensetzung ebenso stark wie die Hydrothermen der mittelozeanischen Rücken. Fluide „schmieren" die Gleitbahnen der Subduktion und Verschuppung. Wahrscheinlich spielen sie eine wesentliche Rolle bei der Entstehung von Erdbeben. Um diese Prozesse verstehen zu können, kann auf Bohrungen nicht verzichtet werden.

Erstmals wurde eine Abscherungszone zwischen einem Verschuppungskomplex und der subduzierten Platte vor Barbados durchteuft: Die gewonnenen Erkenntnisse haben die Modelle bestätigt, aber auch neue Erkenntnisse gebracht. Ähnlich verhielt es sich mit den Bohrungen vor Peru.

20

- Nur ein Teil der Sedimente der unterfahrenden Platte vor Barbados wird abgeschert und der Verschuppungszone angegliedert.
- Die Sedimente der Verschuppungszone zeigen eine andere Porenwasserzusammensetzung als die der unterfahrenden Platte. Methanhaltige Porenwässer bilden sich unterhalb der Abscherfläche.
- Der Übergang von tektonischer Erosion zur Akkretion von Sedimenten konnte zum ersten Mal überhaupt datiert werden, und zwar vor Peru.
- Die Porenwässer fließen überwiegend in Klüften.
- Fluide in den Sedimenten von aktiven Kontinentalrändern können bedeutend weniger salzhaltig sein als Fluide in pelagischen oder hemipelagischen Sedimenten anderer geologischer Umgebungen, die noch ihre Meerwasserprägung haben. Mögliche Ursachen der Versüßung von Porenwässern: Zerfall von wasserreichen Methangashydraten, Ultrafiltration von Meerwasser durch Tone oder Entwässerung von Tonmineralen.

2.6 Prozesse bei der Inselbogenentwicklung (ODP-Legs 125 und 126, Marianen- und Bonin-Inselbögen)

Der nördliche und westliche Pazifik ist durch ein komplexes System von Inselbögen und Sedimentbecken charakterisiert. Es entwickelte sich seit dem Beginn der westwärts gerichteten Subduktion der Pazifischen Platte im Eozän.

Die ODP-Bohrfahrten 125 und 126 wurden geplant, um drei wichtige und bislang wenig verstandene Aspekte dieser Entwicklung zu studieren:

- die Entstehung und Entwicklung von sogenannten „Forearc Terranes" durch Erbohren der Unterlage des Bonin-Forearc-Beckens und von drei Serpentinit-Diapiren am äußeren Inselbogen-Hoch der Marianen sowie an der unteren Bonin-Hangterrasse;
- den Prozeß und die Produkte des Inselbogen-Rifting durch Bohrungen am Sumiso-Graben und am aktiven Bonin-Inselbogen;
- die Entwässerung der subduzierten Lithosphäre indirekt durch Bohrungen im Forearc-Becken und in die Vulkanite des Inselbogens der Bonins, ferner direkt durch die obengenannten Bohrungen in die Serpentinite.

Die beiden Bohrfahrten haben dieses Ziel erreicht. Ihre Hauptergebnisse können wie folgt zusammengefaßt werden:

- Forearc-Kuppen können durch Aufstieg von quasiplastischem Serpentinit aus einem Serpentinit-Mutterdiapir entstehen. Diese Serpentinitdiapire entstammen mittelgradig metamorphosiertem Ausgangsmaterial (ozeanische Kruste).
- Es wird aus der Zusammensetzung wäßriger Lösungen in den Diapiren geschlossen, daß Entwässerung der subduzierten Lithosphäre eine wichtige Rolle bei der Serpentinitisierung spielt.
- Vermischung der Fluide in den Serpentinitdiapiren mit eindringendem Meerwasser ist schon in geringer Tiefe unter dem Meeresboden erkennbar, ein auch für das deutsche Kontinentale Tiefbohrprogramm wichtiger Befund.
- Der Diapirismus und das Ausfließen in Nebenkuppen basiert auf der relativ geringen Dichte und Viskosität des serpentinitisierten Materials.
- Interne Deformation der überlagernden Sedimente und des Diapirmaterials deutet auf weiteren Aufstieg der Diapire hin.
- Der Wechsel zwischen Anhebung und Absenkung spielt im Forearc-Bereich eine wichtige Rolle, eine weitere Bestätigung früherer Beobachtungen zur Vertikaltektonik im Forearc-Bereich.
- Erstmals wurde die vulkanisch entstandene Unterlage eines intraozeanischen Forearc-Beckens im Izu-Bonin-Gebiet erbohrt.
- Dieses vulkanische Grundgebirge wurde seit 29 Millionen Jahren um ein bis zwei Kilometer angehoben.
- Im Forearc-Gebiet kann es zu Rifting kommen. Am Izu-Bonin-Bogen trat dieses erst nach der Füllung des Forearc-Beckens ein.
- 200 Aschenlagen im Forearc-Bereich deuten auf einen seit dem Pliozän sich vielfach wiederholenden explosiven Vulkanismus hin.

2.7 Klärung der Entstehung von Celebes- und Sulu-See (ODP-Leg 124)

Die Randbecken des westpazifischen Raumes spiegeln eine komplexe tektonische und ozeanographische Geschichte wider. Entwicklung von Inselbögen, Kollisionen zwischen Kontinenten und Inselbögen und die Entstehung von Meeresbecken sind Prozesse, die in dieser Region stattgefunden und entscheidend die ozeanographischen Verhältnisse von Indischem und Pazifischem Ozean geprägt haben. Es war daher die Aufgabe dieses Fahrtabschnittes, Alter, Stratigraphie und Paläozeanographie von Sulu- und Celebes-See zu erkunden.

- Celebes- und Sulu-See werden von ozeanischer Kruste unterlagert. Als Alter wurden ermittelt: Mitteleozän für die Celebes-See und Untermiozän für die Sulu-See.
- Die Sedimentablagerung auf der Celebes-Kruste begann unter den Bedingungen eines offenen Ozeans. Erst im Mittelmiozän setzt kontinentaler Einfluß ein, der vom Spätmiozän bis ins Pleistozän vulkanisch geprägt war.
- Die Sedimente auf der untermiozänen Sulu-Kruste sind schon sehr früh terrigen und vulkanisch geprägt.
- Mit der Bildung der Sulu-See durch Seafloor Spreading hörte der rhyolitische bis dazitische Vulkanismus am Cagayan-Rücken, der die Sulu-See in nordöstlicher Richtung durchzieht, auf.
- Nach Streßmessungen in den Bohrungen ist die Hauptstreßrichtung Nordost, das heißt, Sulu- und Celebes-Becken kollidieren mit dem mobilen Gebirgsgürtel der Philippinen. Interessanterweise scheinen die Kollisionsprozesse am Sulu-Rücken zwischen den beiden Becken keinen Streß in der ozeanischen Kruste zu erzeugen – vielleicht eine Folge geringer Scherfestigkeit des Sulu-Rückens.
- Der hohe Temperaturgradient der Sulu-Kruste ($>100\,^\circ$C/km) trägt zur Entstehung thermogenetischer Kohlenwasserstoffe in geringer Tiefe unter dem Meeresboden bei – ein erdölgeologisch wichtiger Befund.

3 Bewertung der wissenschaftlichen Hauptergebnisse von ODP

Die vorangegangene kurze Übersicht zeigt, daß nach 21jähriger Dauer von DSDP und ODP immer noch bedeutende Ergebnisse für die Erdwissenschaften erzielt werden.

Als Haupterkenntnis hat sich dabei durchgesetzt, daß die Ozeanböden einen ganz wesentlichen Teil des komplexen dynamischen Systems Erde darstellen, in dem Atmosphäre, Biosphäre, Ozeane, Sedimenthülle, Erdkruste und Erdmantel in enger Wechselbeziehung zueinander stehen. In diesem System hat der Mensch seine natürliche Umgebung. Das ODP trug in starkem Maße dazu bei, die treibenden Kräfte, die hinter diesen Wechselbeziehungen stehen, mit Erfolg zu erforschen.

Mit erbohrtem Material aus der Erdgeschichte liefert es den unerläßlichen historischen Hintergrund für das Verständnis von Prozessen, die auch heute ablaufen und im Hinblick auf die Vermeidung von Umweltkatastrophen im Detail studiert werden müssen, wie zum Beispiel der Anstieg des CO_2-Gehalts in der Atmosphäre, das Abschmelzen der Eiskappen und der globale Meeresspiegelanstieg oder die Auswirkungen von gewaltigen Vulkaneruptionen auf die Erdatmosphäre. Dabei befindet sich das ODP inmitten anderer weltweiter Initiativen zur Erforschung von Wechselwirkungen im „System Erde":

International Lithosphere Project (ILP)
International Geological Correlation Programme (IGCP)
Joint Global Ocean Flux Study (JGOFS)
World Ocean Circulation Experiment (WOCE)
International Geosphere Biosphere Programme (IGBP)
World Climate Research Programme (WCRP)
Global Sedimentary Geology Program (GSGP)

Globale Veränderungen („Global Changes") sind schon immer der zentrale Forschungsgegenstand der Geowissenschaften gewesen, und so ist die Einbindung in diese Programme nur natürlich. Die ODP-Bohrungen haben dazu beigetragen und werden weiter dazu beitragen, den Zustand des Systems „Meeresboden-Ozean-Atmosphäre" detailliert für die Zeit ohne anthropogene Veränderungen zu beschreiben. Dies ist für die Bewertung menschlicher Einflußnahme besonders wichtig.

In dem Archiv für Umweltdaten, welches die Bohrkerne des ODP darstellen, finden sich selbst Veränderungen unseres Planetensystems aufgezeichnet. Nachdem bereits durch das DSDP erste Anzeichen für Änderungen der Erdumlaufbahn und Erdrotationsgrößen gefunden wurden, ließen sich diese jetzt viel genauer fassen. Dabei haben neben Verfeinerungen der Altersbestimmungsmethoden auch Verbesserungen in der Probengewinnungs- und Bohrlochmeßtechnik eine wichtige Rolle gespielt.

Der Weg zur zeitlichen Auflösung der Erdgeschichte auf 100 Jahre genau weit in das Tertiär hinein ist keine Utopie mehr.

Die langsame Verstellung der Erdrotationsachse relativ zum Erdkörper ist eine für die Planetologie bedeutende Entdeckung, die erst durch das ODP möglich wurde. Sie gibt vielleicht den Ansatz für eine veränderte Betrachtungsweise des Sonnensystems.

Die Ergebnisse der ODP-Bohrungen, die für das bessere Verständnis von Prozessen des krustalen Kreislaufs zwischen Rifting, ozeanischer Krustengeneration und Subduktion gewonnen wurden, sprechen für sich. Durch sie konnte das geologische Gesamtbild von der Erde weiter verfeinert werden. Neue Zusammenhänge zwischen vulkanischen, tektonischen und fluidalen einschließlich hydrothermalen Prozessen wurden entdeckt.

In einem zuvor nie gekannten Umfang wurden die hohen Breiten mit Tiefseebohrungen erschlossen. Dabei konnte die erste Hauptvereisung des südlichen Polargebietes auf 42 Millionen Jahre zurückdatiert werden.

Noch nie wurden außerdem zeitlich höher auflösende Aufzeichnungen der ozeanischen und atmosphärischen Zirkulation gewonnen, wie durch ODP-Bohrkerne im Ostatlantik und Indischen Ozean, aus denen unter anderem der Zeitpunkt des Einsetzens der Monsunzirkulation ermittelt wurde.

Durch ODP-Bohrungen wurde bestätigt, daß Vulkanismus beim Zerbrechen der Pangäa eine weit größere Rolle gespielt hat, als bis vor kurzem angenommen. Dies zwingt zum Überdenken der geodynamischen und Paläo-Umweltmodelle. Hier ist bereits sehr viel in Bewegung geraten. Das Hot-Spot-Modell für das initiale Rifting und das Modell vom „Schwarzschiefer"-Ozean müssen ebenso neu überdacht beziehungsweise neu bewertet werden, wie die Reserven der passiven Kontinentalränder an Erdöl und Erdgas.

Alle genannten Ergebnisse konnten nur gewonnen werden, weil hinter dem ODP eine beispiellose wissenschaftliche Zusammenarbeit stand. ODP vereinigt auf internationaler wie auf nationaler Ebene Erdwissenschaftler und Ingenieure wie kein anderes Programm. An der Planung, Durchführung und Interpretation der Bohrungen sind Wissenschaftler aus mehr als 20 Ländern beteiligt. Sie kommen von Hochschulen, staatlichen Forschungsanstalten und Industriefirmen. Studenten aus allen Teilen der Welt arbeiten an Kernmaterial und Daten aus den Bohrungen; sie werden frühzeitig mit der Erkenntnis vertraut, daß die Erforschung der Ozeanböden integraler Bestandteil der geologischen Erforschung unseres Planeten sein muß.

Darüber hinaus hat die Entdeckung und Erforschung vieler gerade ablaufender geologischer Prozesse mit Tiefseebohrungen dazu geführt, daß die Geowissenschaftler den Kontakt zu Kollegen aus anderen Disziplinen, insbesondere zu Ozeanographen, Meteorologen, Planetologen und Biologen suchen mußten. Das hat zu einer stärkeren interdisziplinären Integration geführt, die hoffentlich dazu beiträgt, daß unsere Erde in Zukunft mit weniger negativen Folgen für Mensch und Umwelt genutzt wird.

4 Die aus der deutschen Beteiligung am ODP erzielten Ergebnisse und ihre Bedeutung für die geowissenschaftliche Forschung in der Bundesrepublik

Der Nutzen, den das ODP für die Wissenschaft im allgemeinen und für die Geowissenschaften im besonderen erbracht hat, ist außerordentlich groß. Auch für die Geowissenschaften in der Bundesrepublik Deutschland wird er an vielen Stellen sichtbar.

Würde man die wissenschaftlichen Ergebnisse, die aus der deutschen Beteiligung hervorgegangen sind, besonders hervorheben, würde man dem ODP nicht gerecht werden; es ist schließlich ein internationales Gemeinschaftsunternehmen. Der deutsche Anteil an den Erfolgen des ODP ist jedoch so beträchtlich, daß den ausländischen Wissenschaftlern viel an einer weiteren Mitarbeit der Deutschen liegt.

Unsere regionalen und thematischen Voruntersuchungen haben große Anerkennung gefunden. Zu mehreren der 28 ODP-Fahrtabschnitte haben geowissenschaftliche Voruntersuchungen mit deutschen Forschungsschiffen stattgefunden (u. a. mit Sonne, Meteor, Polarstern, Explora): Labrador-See, Norwegische See, NW-Afrika, Weddell-See, Bonin-Marianen-Gebiet, NW-Australien, Sulu- und Celebes-See.

Es hat bisher 57 deutsche Teilnehmer an den 28 ODP-Fahrtabschnitten (darunter eine technische Erprobungsfahrt) gegeben. Die Zusammenarbeit an Bord des Bohrschiffes mit hochqualifizierten Wissenschaftlern anderer Länder brachte den deutschen Geowissenschaften einen unermeßlichen Gewinn. Umgekehrt profitierten die Wissenschaftler der Partnerländer von unserer Mitarbeit, wie sich in zahllosen Publikationen zeigt.

35 deutsche Mitglieder in den ODP-Beratungsgremien haben ebenfalls für einen engen Kontakt mit ausländischen Wissenschaftlern an den Stellen gesorgt, wo jeweils die neuesten Erkenntnisse der marinen, aber auch der terrestrischen Geowissenschaften heiß diskutiert und in die ODP-Arbeitsprogramme eingebracht werden. Aus diesen Mitgliedschaften hat sich unter anderem mit dem Kontinentalen Tiefbohrprogramm der Bundesrepublik Deutschland (KTB) eine enge Kooperation auf den Gebieten der bohrtechnischen Entwicklung und der Bohrlochmessung ergeben. Wissenschaftlich besteht eine enge Verknüpfung zwischen beiden Programmen in mehreren Bereichen, besonders

aber auf den Gebieten Bohrlochmagnetik, Streßmessungen im Bohrloch sowie Fluidhaushalt der Erdkruste.

Diese Zusammenarbeit ist auch deshalb so wichtig, weil ODP einen wesentlich breiteren wissenschaftlichen Rahmen hat als das KTB und zudem wissenschaftliche Impulse aus vielen Richtungen der Geowissenschaften geben kann. Andererseits kann das ODP besonders stark von den instrumentellen Entwicklungen des KTB profitieren, um noch bessere Proben und Daten aus Tiefseebohrungen zu gewinnen.

Bei den sehr erfolgreichen paläomagnetischen Bohrlochvermessungen, die sowohl in alter wie in junger Atlantikkruste durchgeführt wurden, sind mit Erfolg auch eine deutsche Suszeptibilitätsmeßsonde und ein deutsches 3D-Bohrlochmagnetometer eingesetzt worden.

Die gemeinsam betriebene Weiterentwicklung des Navidrill-Bohrsystems für das Bohren in schwierig zu kernendem Gestein mit Testbohrungen an der Technischen Universität Clausthal sowie die Entwicklung des Bohrloch-Fernbeobachtungssystems (Borehole Televiewer) in der Bundesrepublik haben dem ODP einen erheblichen Nutzen gebracht. Gemeinsame Seminare der ODP- und KTB-Ingenieure wurden durchgeführt.

Die mehr als einjährige Mitwirkung eines deutschen Ingenieurs in der technischen Entwicklungsabteilung des ODP an der Texas A & M University sowie deutscher Wissenschaftler und Techniker als Angestellte im wissenschaftlichen Management des ODP sind ein anschauliches Beispiel für die Internationalität des Programms auch auf dieser Ebene.

Wissenschaftlich wie technisch brachte und bringt die Mitgliedschaft im ODP den deutschen Geowissenschaften permanent einen nicht hoch genug zu schätzenden Gewinn. Dies schlug sich auch in dem von Jahr zu Jahr zu beobachtenden Qualitätszuwachs bei den Kolloquien des DFG-Schwerpunktprogramms ODP/DSDP und den ständig gestiegenen Teilnehmerzahlen nieder, die unter anderem aus der Verdoppelung der Plätze für Wissenschaftler auf dem ODP-Bohrschiff „Joides Resolution" gegenüber der „Glomar Challenger" des DSDP resultierten.

5   Welche Perspektiven hat das ODP?

Jetzt, da die erste Phase des ODP sich dem Ende nähert, stellt sich die Frage, ob die zukünftigen Ziele wissenschaftlich attraktiv genug sind, das ODP noch einmal für eine weitere Periode von fünf oder zehn Jahren zu verlängern. Basierend auf den Ergebnissen der zweiten Conference on Scientific Ocean Drilling (COSOD-II) und intensiven Diskussionen in den Beratungsgremien des ODP mit deutscher Beteiligung wurden wissenschaftliche Ziele formuliert, die ein Bohrprogramm erfordern, welches bis in das Jahr 2002 reicht. Sie sind im ODP Long Range Plan ausführlich erläutert (s. Anhang). Darüber hinaus werden in diesem Planungspapier Empfehlungen dazu gegeben, wie diese Ziele erreicht werden können. Ebenso ist ein Finanzplan beigefügt, der eine Kostensteigerung von jetzt 36 Millionen US-Dollar pro Jahr auf 41 Millionen US-Dollar im Jahr 1992 vorsieht. In diesen Kosten sind Schiffsoperation, Proben- und Datenverwaltung, Bohrlochmessungen, technische Entwicklungen und Publikation der Ergebnisse in moderatem Umfang enthalten.

Auf einem solchen finanziellen Niveau ließe sich ein Teil der anvisierten Ziele erreichen. Ohne entscheidend verstärkte Anstrengungen auf dem technischen Entwicklungssektor können aber einige der fundamentalen wissenschaftlichen Fragen nicht gelöst werden. Auch über Art und Kosten der hierzu notwendigen Entwicklungen gibt das Planungspapier Auskunft. Für die Bundesrepublik Deutschland wird sich der Beitrag nach 1993 zwischen drei und vier Millionen US-Dollar bewegen.

Hier seien noch einmal die Themen aufgeführt, die ODP bis zum Jahr 2002 bearbeiten will (in Klammern: voraussichtlicher Abschluß der Bohrungen).

5.1 Struktur und Zusammensetzung von ozeanischer Erdkruste und oberem Erdmantel

5.1.1 Struktur und Zusammensetzung der ozeanischen Kruste, Erreichen der Mohorovičič-Diskontinuität (2002)

Zwei Drittel des ozeanischen Krustenquerschnitts sind unbekannt hinsichtlich Struktur, Zusammensetzung und physikalischer Eigenschaften. Nur Bohrungen können die damit zusammenhängen Fragen lösen:

- Welche Anteile der Kruste werden durch die Ophiolithe, das heißt durch Kollision von Lithosphärenplatten in kontinentale Gebirge eingebaute ozeanische Krustenteile, repräsentiert?
- Wie sind primäre, direkt aus dem Erdmantel hervorgegangene Magmen zusammengesetzt, und wie werden sie durch Prozesse in Magmenkammern verändert?
- Welches sind die Ursachen der marinen magnetischen Anomalien?

5.1.2 Magmatische Prozesse beim Aufbau der ozeanischen Kruste (2002)

Sechzig Prozent der von Hydrosphäre und Atmosphäre bedeckten Erdoberfläche werden an den ozeanischen „Spreading"-Zentren gebildet. Dort werden im Erdmantel gebildete und aufsteigende Magmen abgekühlt und erstarren zu Erdkruste. Dieser Prozeß bezieht die komplexe Wechselbeziehung von magmatischen, tektonischen und hydrothermalen Prozessen ein, die trotz großer Fortschritte bei ihrer Erforschung durch das ODP/DSDP noch wenig verstanden werden. Zusätzliche und vor allem tiefere Bohrungen in den Axialbereichen der mittelozeanischen Rücken können weiterführende Erkenntnisse ermöglichen:

- Gewinnung von sehr frischen Gesteinen für geochemische Studien.
- Erreichen tiefer Krustenteile zur Erstellung einer vollständigen vertikalen Stratigraphie und für das Studium der zeitlichen Veränderlichkeit der magmatischen Aktivität sowie zur Beantwortung der Frage: Wie lange dauert die Bildung der ozeanischen Kruste an einer bestimmten Lokation?

5.1.3 Intraplatten-Vulkanismus (1997)

Der Intraplatten-Vulkanismus ist die zweithäufigste Form von vulkanischer Aktivität in den Ozeanbecken. Er schließt die Bildung kleiner Vulkane in Nähe der Achsen von mittelozeanischen Rücken ebenso ein wie die Vulkane der linearen Kuppen- und Inselketten, die Bildung aseismischer Rücken, ozeanischer Plateaus sowie massive Flutbasalt- und Intrusivkomplexe. Das Studium der verschiedenen Formen des Intraplatten-Vulkanismus wird Hinweise auf die Zusammensetzung und Entwicklung des oberen Erdmantels geben. Dazu sind allerdings Tiefseebohrungen unerläßlich.

5.1.4 Magmatismus und geochemische Fluxe an konvergierenden Plattenrändern (2002)

Bohrungen sind der einzige Weg, um die globalen geochemischen Zyklen der Erde zu erfassen. Einerseits muß mit ihrer Hilfe die Zusammensetzung der Sedimente und der ozeanischen Kruste der subduzierten Platte bestimmt werden, andererseits die Natur und Geschichte der magmatischen Aktivität in der unterfahrenen Platte.

5.2 Dynamik, Kinematik und Deformation der Lithosphäre

5.2.1 Dynamik der ozeanischen Kruste und des oberen Mantels (2002)

Die Bewegungsrichtungen der Platten, aus denen die harte Schale der Erde besteht, sind allgemein gut bekannt. Kaum bekannt sind dagegen die verschiedenen Kräfte, die die Bewegung auslösen.

— Wo sind Zug- und wo Druckspannungen am Werk, und wie wirken sie an den plattentektonischen Hauptformen?

Um die Spannungen in der ozeanischen Erdkruste, im Erdmantel, aber auch in den sedimentären Komplexen der aktiven und passiven Kontinentalränder zu bestimmen, sind Tiefseebohrungen mit entsprechenden Instrumentierungen notwendig. Hinzu kommen muß eine Ausweitung des globalen seismologischen Meßnetzes durch den Einsatz von Bohrloch-Seismometern in Tiefseebohrungen.

5.2.2 Plattenbewegungen (1997)

Für die letzten 65 Millionen Jahre sind die Wege, die die Platten zurückgelegt haben, recht gut bekannt. Für die Zeit davor liegen dagegen nur spärliche Informationen vor. Die Plattenbewegungen und damit die Verteilung von Kontinenten und Meer auf der Erde sind aber von entscheidender Bedeutung für die Gestaltung der Paläo-Umweltverhältnisse.

Die Ozeanbecken mit ihren Bruchzonen und magnetischen Anomalien, aber auch mit ihren Sedimenten erlauben es, die längerfristigen Verschiebungen von Platten zu rekonstruieren. Paläomagnetische Daten und die Spuren, die bestimmte Schmelzanomalien im Erdmantel, sogenannte Hot-Spots, hinterlassen haben, geben den Referenzrahmen für Bewegungen relativ zur Erdrotationsachse. Die Erfassung der Bewegungen der Vor-Tertiärzeit, also vor mehr als 65 Millionen Jahren, erfordert Tiefseebohrungen, die es erlauben, Hot-Spot-Spuren in ihren einzelnen Punkten zu datieren und paläomagnetische Messungen vorzunehmen sowie eventuelle Relativbewegungen von Hot-Spots zu bestimmen.

5.2.3 Deformationsprozesse an passiven Kontinentalrändern (2002)

Kontinentalränder, die beim Auseinanderbrechen von kontinentaler Erdkruste entstanden sind und passiv auf Platten driften, sogenannte passive Kontinentalränder, gehören zu den am weitesten verbreiteten geologischen Großformen. Zu ihrer Entstehung werden verschiedene Modelle diskutiert. Mit diesen Modellen sind folgende Hauptfragen verbunden:

— Wird die kontinentale Kruste nur gedehnt und ausgedünnt bis zum Erreichen der Bruchspannung?
— Wird sie an einer großen Abschiebungsfläche zertrennt?

Beide Prozesse geben letztlich Aufschluß über unterschiedliches gebirgsmechanisches Verhalten der entstehenden Kontinentalränder. Bei einigen Bruchprozessen hat es geringe bis keine vulkanische Begleiterscheinungen gegeben, bei anderen wurden kontinentale vulkanische Krustenanteile gebildet, die dicker sind als die nach der völligen Trennung der Kontinentalfragmente gebildete ozeanische Kruste. Der Typ der vulkanischen Tätigkeit scheint von der Art des Zerbrechens bestimmt zu werden. Die Sedimentationsmuster aus der Frühzeit der Kontinentalrandbildung können Auskunft über die Natur und Geometrie der Bruchprozesse geben.

Da sowohl die vulkanischen Gesteine wie auch die Sedimente der Frühphase passiver Kontinentalränder tief unter Sedimenten der späteren Phasen eingebettet sind und zudem durch Krustenabkühlung und Auflast in große Tiefen unter den Meeresspiegel gesunken sind, können nur Tiefseebohrungen Aufschluß über die Frühgeschichte der Ränder geben. Sie können unter anderem die Frage beantworten, ob Hot-Spots eine ausschlaggebende Rolle bei der Anlage der kontinentalen Brüche spielen.

5.2.4 Deformationsprozesse an konvergierenden Plattenrändern (2002)

Konvergierende Plattenränder sind geologische Großformen erster Ordnung. An ihnen wird die an mittelozeanischen Rücken gebildete ozeanische Kruste wieder vernichtet. Hier können Massenbilanzen im Hinblick auf die Gestaltung der Erdkruste exemplarisch studiert werden und kann neben anderen folgenden Fragen nachgegangen werden:

- Wieviel Material wird in die Verschuppungskomplexe und Melangen eingearbeitet, die beim Kollidieren der Platten zusammengeschoben werden?
- Wieviel Material (ozeanische Kruste *und* Sedimente) wird dem Erdmantel durch den Verschluckungsprozeß zugeführt?
- Welcher Anteil hiervon wird in Form von Gesteinsschmelzen wieder in die über der Verschluckungszone liegende Kruste eingespeist?
- Woher stammen die „Gleitmittel" für die Unterschiebung und Verschuppung, unter welchen Drücken und Temperaturen finden diese Prozesse statt?

Da die konvergenten Plattenränder zum größten Teil unter Meeresbedeckung liegen, können nur Tiefseebohrungen helfen, diese Fragen zu beantworten. Sie müssen aber durch Untersuchungen in den unmittelbar angrenzenden Kontinentalgebieten (Inselbögen, Faltengebirgen) ergänzt werden.

5.2.5 Intra-Plattendeformation (1997)

Die randfernen ozeanischen Teile von Platten eignen sich wegen ihres in der Regel einfachen Aufbaus am besten, um das mechanische Verhalten von ozeanischer Erdkruste unter verschiedenen Auflasten und lateralen Spannungen und in verschiedenen Abkühlungs- beziehungsweise Absenkungsstadien zu studieren.

Tiefseebohrungen können helfen, aus dem mechanischen Verhalten der ozeanischen Plattenanteile Rückschlüsse auf Antriebskräfte dieser Intra-Plattendeformation zu erhalten.

5.3 Fluidzirkulation in der Lithosphäre

5.3.1 Hydrothermale Prozesse bei der Krustenneubildung (2002)

Austauschprozesse zwischen ozeanischer Kruste und durch sie zirkulierenden Meerwassers werden als der Hauptfaktor bei der chemischen Langzeitveränderung des Meerwassers angesehen. Die zeitliche und räumliche Variabilität dieses Prozesses, der von der Magmageneration und den tektonischen und sedimentären Bedingungen an den mittelozeanischen Rücken gesteuert wird, muß mit Hilfe von Tiefseebohrungen studiert werden, um die chemische Bilanz des Weltozeans und der ozeanischen Kruste über die Erdgeschichte hinweg zu verstehen. Ferner gilt es, die Erzbildung bei der Zirkulation von Meerwasser durch die noch heiße Kruste im Detail zu studieren.

5.3.2 Fluidtransport an passiven Kontinental- und konvergierenden Plattenrändern (2002)

Beim Verschluckungsprozeß finden großmaßstäbliche Flüssigkeitstransporte aus den Sedimenten und der ozeanischen Kruste in den Erdmantel hinein, in den Ozean zurück sowie in die Verschuppungskomplexe, Sedimentbecken und anderen Gesteinskomplexe der Inselbögen hinein statt. Diese Transporte werden von tektonischen Spannungen und Erdwärme gesteuert.

An passiven Kontinentalrändern wandert Grundwasser über große Entfernungen gravitativ aus kontinentalen Speichern in die Sedimentakkumulationen der Kontinentalränder hinein oder völlig durch sie hindurch.

Ursprüngliche Speicher, Wanderungswege sowie Zusammensetzung dieser Fluide und ihre Auswirkungen auf die globalen geochemischen Zyklen können nur durch gezielte Tiefseebohrungen in verschiedenen geologischen Positionen erforscht werden.

5.4 Ursachen und Auswirkungen der ozeanischen und klimatischen Veränderungen

5.4.1 Kurzzeitige Klimaschwankungen (2002)

Der einzige Weg zu kontinuierlichen und detaillierten Aufzeichnungen der Geschichte von Temperatur, Zusammensetzung und Zirkulation der Atmosphäre, des wechselnden Fluxes von wind- und wassertransportiertem Material in den Ozean, der Änderungen in der biologischen Produktivität und des biologischen Reagierens auf Umweltveränderungen sind Tiefseebohrungen in Sedimenten des Jungtertiärs, also der letzten 23 Millionen Jahre. Ihre Bedeutung für das Modellieren von Klimaabläufen und Vorhersagen von zukünftigen Klimaänderungen muß nicht extra betont werden. ODP wird kritische Beiträge für International Geosphere Biosphere Programme, World Ocean Circulation Experiments und Joint Ocean Global Flux Studies liefern.

5.4.2 Langzeitige Klimaschwankungen (2002)

Die ozeanische und atmosphärische Zirkulation wurde sowohl von relativ schnellen Veränderungen der orbitalen Parameter als auch von sehr langsam ablaufenden Prozessen, die von tektonischen Großprozessen gesteuert werden, beeinflußt. Die Schwankungen von Klima und ozeanischen Verhältnissen unter vollkommen anderen Rahmenbedingungen während des Mesozoikums („Warmer Ozean") sowie der Übergang von einer eisfreien Welt zu einer von Glazialen gekennzeichneten Epoche im Verlauf des Alttertiärs sind dabei von besonderem Interesse. Die Auswirkungen dieser geänderten Umweltbedingungen können nur in weitgehend vollständigen sedimentären Schichtfolgen studiert werden, die weit in die Erdgeschichte zurückreichen. Serien von Sedimentablagerungen, die diesen Anspruch bis in die Zeit vor ca. 140 Millionen Jahren erfüllen, können in einigen Tiefseeregionen erbohrt werden.

5.4.3 Geschichte des Meeresspiegels (1997)

Die eustatische Meeresspiegelkurve wird als das Ergebnis einer komplizierten Wechselwirkung von Sedimentversorgung der Meeresräume, gebirgsbildenden und plattentektonischen Vorgängen, Belastung der Lithosphäre mit Sediment und Wasser und schließlich statischem Ausgleich angesehen. Die Bedeutung des

Klimas für den Meeresspiegelstand kommt besonders in der Bindung von großen Wassermassen an die kontinentalen Gletscher und polaren Eiskappen und der damit verbundenen Absenkung des Meeresspiegels zum Ausdruck (was außerdem Konsequenzen für die Meerwasserzusammensetzung und -zirkulation hat).

Vor allem Kontinentalränder, aber auch Atolle, ozeanische Plateaus und Guyots sind die Gebiete, in denen Tiefseebohrungen angesetzt werden müssen, um die Meeresspiegelgeschichte zu erforschen.

5.4.4 Der Kohlenstoffkreislauf und die biologische Paläoproduktivität (2002)

Das Studium der eiszeitlichen Klimaentwicklung, die Kohlendioxid-Konzentrationen in Gasblasen der polaren Eisdecken, die Modelle für das Klima der Kreidezeit (65 bis 135 Millionen Jahre) und die gegenwärtige Besorgnis wegen des Treibhauseffekts machen deutlich, daß wir ohne genaue Kenntnis des Kohlenstoffzyklus kein komplettes Verständnis der Klimaentwicklung erzielen können.

Zum Kohlenstoffkreislauf der Erde gehören auf der einen Seite die kurzfristigen Wechselwirkungen innerhalb der verhältnismäßig kleinen Kohlenstoffreservoire von Atmosphäre, Biosphäre und Hydrosphäre, für die die ozeanische Wasserzirkulation und die biologische Produktivität die entscheidenden Einflußgrößen sind. Demgegenüber stehen die langfristigen Vorgänge in dem immensen Kohlenstoffreservoir der Lithosphäre mit ihren Karbonatgesteinen und dem fossilen organischen Material, von dem Erdöl, Erdgas und Kohle nur einen kleinen Anteil ausmachen. Schließlich gibt es einen Austausch zwischen diesen beiden Bereichen durch die Bildung von Karbonatsedimenten sowie die Ablagerung von organischem Material auf der einen und die Bildung von Kohlendioxid bei der Erosion von Sedimenten sowie der Verbrennung fossiler Kohlenwasserstoffe auf der anderen Seite.

Die Bedeutung der einzelnen Prozesse und ihre Geschwindigkeitskonstanten lassen sich nur auf einer geologischen Zeitskala studieren. Hierzu eignen sich in besonderem Maße Tiefseebohrungen in die mächtigen Sedimentakkumulationen an den Kontinentalrändern und besonders in Hochproduktivitätszonen (z. B. Auftriebsgebieten).

Die Ergebnisse dieser Forschungsarbeiten werden wichtige Eingangsdaten für die Modelle liefern, die im World Climate Research Project entwickelt werden. Bei Berücksichtigung der klimatischen Veränderungen im Laufe der Erdgeschichte sollte sich so klären lassen, ob die jeweiligen Ozeane als dynamischer Puffer für die Aufnahme von Kohlendioxid aus der Atmosphäre fungieren können; damit verknüpft ist die Problematik, ob die Ozeane langfristige Kohlenstoffsenken, zum Beispiel für Karbonatsedimente oder fossiles organisches Material, darstellen können.

5.4.5 Entwicklung der Lebewelt (2002)

Die Prozesse der Artenbildung und der biologischen Evolution sind ein wichtiger Forschungsgegenstand der modernen Biologie. DSDP und ODP haben eine einzigartige Sammlung von Entwicklungsreihen planktonischer Einzeller geliefert. Die Entwicklungsschritte dieser Reihen lassen sich mit Hilfe der Sauerstoffisotopen- und magnetischen Anomalienstratigraphie in vielen Fällen zeitlich präzise zuordnen. Noch sind diese Möglichkeiten nicht ausgeschöpft. Weitere Tiefseebohrungen können zu einem verbesserten Erkennen evolutionärer Tendenzen führen. Umgekehrt können diese für verbesserte Altersbestimmungen verwendet werden.

5.5 Schlußbetrachtung

Die vorangehend genannten Zielsetzungen stellen zum Teil sehr hohe *technische Anforderungen,* wie zum Beispiel

− 5000-Meter-Bohrung in ozeanischer Kruste unter dem Meeresboden,
− Langzeitinstallation von Bohrlochseismometern und anderen Meßgeräten (zum Beispiel für in situ-Streßmessungen, Fluidanalyse, Temperaturmessungen),
− Bohrlochmessungen in brüchigen, über 300 °C heißen vulkanischen Gesteinen sowie in Bohrungen, in welche heiße, hochkorrosive Lösungen einfließen,
− Gewinnung vollständiger Sektionen aus Hart-Weich-Wechsellagerungen, wie zum Beispiel Hornstein-Kreideschlamm-Wechselfolgen, sowie aus kavernösen Flachwasser-Karbonaten.

Die Durchführung einer 5000-Meter-Bohrung bis durch die Mohorovičič-Grenzfläche könnte bedeuten, daß die „Joides Resolution" für mehrere Monate bis Jahre an eine Lokation gefesselt ist. Alternativ wäre denkbar, daß die Wiedereintrittstechnik genutzt wird und die Bohrung diskontinuierlich besetzt wird.

Die Diskussion um die Langzeitbesetzung von Bohrungen hat unter anderem dazu geführt, daß über den *Einsatz eines zweiten leichten Bohrschiffes* zusätzlich zur „Joides Resolution" nachgedacht wird.

Daß der Betrieb eines zweiten Bohrschiffes zu einer bedeutenden Kostensteigerung und einem erheblich größeren Bedarf an Wissenschaftlern und Technikern führen wird, liegt auf der Hand. Deshalb ist das Echo auf derartige Überlegungen unterschiedlich. In jedem Fall müßte eine gründliche wissenschaftliche Bedarfsanalyse die Notwendigkeit sowie die personellen und finanziellen Konsequenzen einer derartigen Ausweitung des ODP aufzeigen. In diesem Zusammenhang sind auch die Pläne für Bohrungen in der Arktis zu betrachten. Arktis und Antarktis sind als geologische Provinzen sehr gegensätzlich. Während das Südpolargebiet vom antarktischen Kontinent dominiert wird, ist das Nordpolargebiet wesentlich geprägt vom Nordpolarmeer, einem stark gegliederten Tiefseebecken, das von Kontinenten umgeben ist. Sein hohes Alter ließ sich zwar ermitteln (ca. 140 Millionen Jahre; Jura), seine geschichtliche Entwicklung blieb durch die Eisbedeckung aber weitgehend unbekannt. Tiefseebohrungen in der Arktis zum frühestmöglichen Zeitpunkt müssen die ODP-Bohrungen in jedem Fall ergänzen, um die Geschichte dieses Meeresraumes einschließlich seines geologischen Untergrundes und seine Wechselbeziehungen zu den benachbarten Meeresräumen zu ergründen. Für einen Großteil dieser Bohrungen besteht außer Zweifel, daß sie weder mit der „Joides Resolution" noch mit einem leichten Bohrschiff durchgeführt werden können.

Für *Atollbohrungen* gilt das gleiche wie für die Arktisbohrungen. Welche *Lösungen in Form anders gearteter Bohrplattformen* hierfür gefunden werden, muß die Fortführung der erst am Beginn stehenden Diskussion dazu zeigen.

Ein weiterer wichtiger *Bedarf* besteht *für* das ODP in Form von *Arbeiten, die das Bohrprogramm des ODP begleiten* (regionale und thematische Studien, Pre-Site- und Post-Site-Surveys), *mit konventionellen Forschungsschiffen und Tauchbooten.*

Von diesen Arbeiten hängt in erster Linie die Qualität des ODP ab. Der Bedarf dafür wird noch steigen. Die Vorbereitung einer Bohrung in die Mohorovičić-Diskontinuität zum Beispiel erfordert eine methodisch außerordentlich komplexe Vorerkundung mit modernstem Instrumentarium, um eine Lokation festlegen zu können, die den Erfolg garantiert.

Der zur Zeit geplante Umbau des marin-geowissenschaftlichen Forschungsschiffes „Sonne" wird mit Sicherheit die Möglichkeiten für Vorerkundungen und andere ODP-begleitende marine Arbeiten verbessern. Nimmt man das Forschungsschiff „Polarstern" für Arbeiten in hohen Breiten hinzu und berücksichtigt man, daß mit der „Meteor" von Zeit zu Zeit auch marin-geowissenschaftliche Arbeiten mit ODP-Bezug durchgeführt werden können, so kann davon ausgegangen werden, daß die Bundesrepublik den steigenden Anforderungen von den Schiffskapazitäten her genügen kann.

Die seit Beginn der ODP-Bohrungen gebotene Möglichkeit, je Fahrtabschnitt zwei Wissenschaftler aus der Bundesrepublik zu entsenden, hat auch ein großes Potential an erfahrenen Wissenschaftlern für zukünftige Fahrten geschaffen. Auch an guten Wissenschaftlern für die Besetzung der Beratungsgremien mangelt es nicht.

Die ständig gestiegene Zahl von Antragstellern im DFG-Schwerpunktprogramm ODP/DSDP und die allgemein hohe wissenschaftliche Qualität der Anträge auf Förderung sind auch im Hinblick auf die künftige wissenschaftliche Bearbeitung von Proben und Daten aus Tiefseebohrungen ein Garant für äußerst sinnvolle Forschung.

Abschließend kann festgestellt werden: Die bedeutenden wissenschaftlichen Ziele des ODP, der große Nutzen für die deutschen Geowissenschaften aus der bisherigen Beteiligung am ODP und DSDP sowie die sehr günstigen Voraussetzungen in der Bundesrepublik Deutschland sprechen für eine weitere Beteiligung am ODP für die nächsten zehn Jahre.

Eine Nichtbeteiligung würde eine Abkoppelung von einem internationalen Programm der Grundlagenforschung bedeuten, welches die Geowissenschaften auf dem Weg zu einem globalen Verständnis des Systems Erde wesentlich voranbringen wird.

Anhang

Geschichtlicher Abriß des internationalen geowissenschaftlichen Forschungsprogramms Deep Sea Drilling Project (DSDP) und des Nachfolgeprogramms Ocean Drilling Program (ODP)

1964	– Scripps Institution of Oceanography (University of California)
	– Lamont-Doherty Geological Observatory (Columbia University)
	– Rosenstiel School of Marine and Atmospheric Science
	– Woods Hole Oceanographic Institution

(alle USA) bilden die JOIDES
(Joint Oceanographic Institutions for Deep Earth Sampling),

eine Initiative zur systematischen Erforschung der Tiefseeböden mittels Bohrungen, und gründen das

Deep Sea Drilling Project (DSDP)

1968	University of Washington tritt JOIDES bei; Beginn der Bohrungen mit Bohrschiff „Glomar Challenger".
1975	Beitritt von
	– Institute of Geophysics (University of Hawaii)
	– Graduate School of Oceanography (University of Rhode Island)
	– College of Oceanography (Oregon State University)
1974–1976	Beitritt von
	– Bundesrepublik Deutschland
	– Frankreich
	– Japan

- Großbritannien
- UdSSR

(International Phase of Ocean Drilling – IPOD)

1982   Beitritt von
                    - Texas A & M University

November 1983   Ende der DSDP-Bohrungen mit „Glomar Challenger"; Beginn des

                    Ocean Drilling Program (ODP)

März 1984   Beitritt der Bundesrepublik Deutschland als erstes Nicht-US-Mitglied von ODP. Es folgen
                    - Frankreich, Japan, Großbritannien und Kanada

Januar 1985   Beginn des ODP-Bohrprogramms mit dem Bohrschriff „Joides Resolution".

1986   Beitritt eines Konsortiums mit
                    - Belgien, Dänemark, Finnland, Griechenland, Island, Italien, den Niederlanden, Norwegen, Spanien, Schweden, der Schweiz und der Türkei unter der Schirmherrschaft der European Science Foundation.

1988   Kanada und Australien bilden ein Konsortium im ODP.

JOIDES besteht aus folgenden Mitgliedsinstitutionen:

- Bundesanstalt für Geowissenschaften und Rohstoffe, Hannover, Bundesrepublik Deutschland
- Bureau of Mineral Resources, Australien, und Department of Energy, Mines and Resources, Kanada
- Institut Français de Recherche pour l'Exploîtation de la Mer, Frankreich
- Ocean Research Institute der Universität Tokio, Japan
- Natural Environmental Research Council, Großbritannien
- European Science Foundation Consortium for Ocean Drilling

sowie den eingangs genannten US-Mitgliedsinstitutionen.

Diagramme zur Erläuterung der Organisationsstruktur des ODP

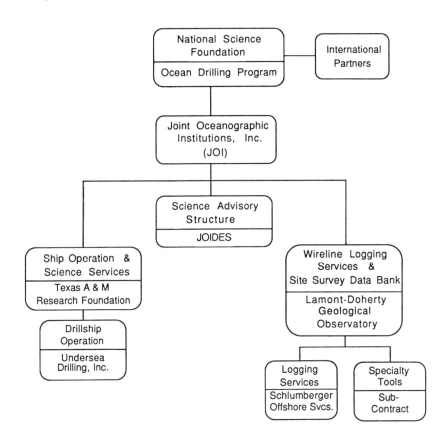

Abb. 1: Managementstruktur des Ocean Drilling Program.

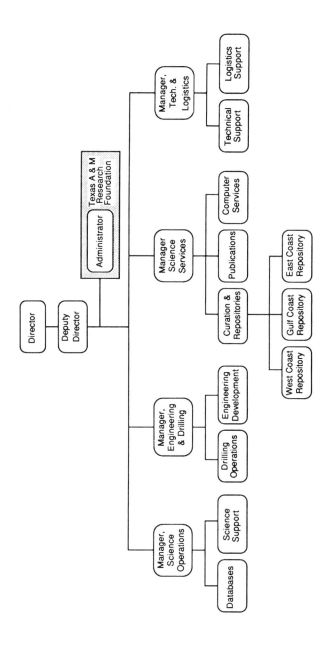

Abb. 2: Managementstruktur der Texas A&M-Universität, des „Science Operator" von ODP.

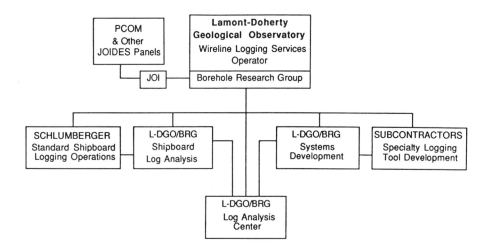

Abb. 3: Managementstruktur der Borehole Research Group am Lamont-Doherty Geological Observatory. Die Borehole Research Group ist im ODP zuständig für Bohrloch-Experimente und -Messungen.

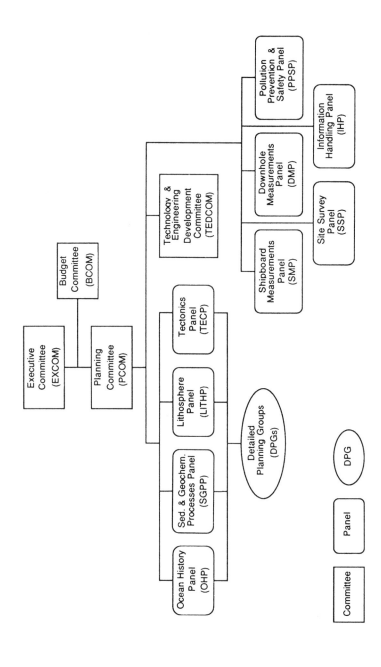

Abb. 4: Die wissenschaftliche Beratungsstruktur von JOIDES.

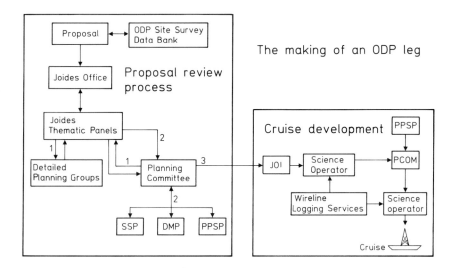

Abb. 5: Diagramm zur Erläuterung des wissenschaftlichen Planungsprozesses im ODP. Es zeigt den komplexen Weg, den ein ausgearbeiteter Bohrvorschlag durchlaufen muß bis zur Umsetzung in einem Fahrtabschnitt des Bohrschiffes.

Abkürzungen: SSP   = Site Survey Panel
DMP   = Downhole Measurements Panel
PPSP = Pollution Prevention and Safety Panel
PCOM = Planning Committee
JOI   = Joint Oceanographic Institutions

Publikationen und Bekanntmachungen des ODP

Pre-Cruise Scientific Prospectus

Zwei Monate vor einer Bohrfahrt, Synopse der Bohrziele mit genauer Bohrplanung und Teilnehmerliste.

Shipboard Scientific Reports

Informelle Berichte über erste Ergebnisse, noch an Bord der „Joides Resolution" erstellt.

Weitere informelle Berichte

– Site Summaries
  Kurzberichte über die Bohrergebnisse, die an einer Lokation erzielt wurden
– Preliminary Reports
  kondensierte Form der wissenschaftlichen Ergebnisse
– Press Releases
  Pressemitteilungen

Verbindliche Berichte

Mitteilungen in Kurzform zur Unterrichtung der wissenschaftlichen Allgemeinheit in „Geotimes" und „Nature" – je Fahrtabschnitt ein Artikel.

Proceedings of the ODP (2 Teile)

– Detaillierte Bohrergebnisse und Daten, die die Allgemeinheit interessierter Wissenschaftler benötigt, um Proben anzufordern und wissenschaftliche Arbeiten abzuleiten; erscheinen in den „Initial Reports" (14 Monate nach Abschluß einer Bohrfahrt).
– In den „Scientific Results", die etwa drei Jahre nach Beendigung eines ODP-Fahrtabschnittes erscheinen, werden die – unabhängig begutachteten – Artikel mit den Ergebnissen der Fahrt publiziert.

Zusatzinformationen über das ODP

– „Joides Journal" (dreimal jährlich)
  Kommunikationsorgan für die Unterrichtung von ODP-Arbeitsgruppen, Beratungsgremien und internationalen Organisationen über das ODP-Geschehen.

- Über technische Entwicklungen, die aus dem ODP resultieren, informieren die „Technical Reports".

Bekanntmachungen der deutschen ODP-Koordination:

Rundbriefe (drei- bis viermal jährlich)

Kommunikationsorgan für die am Schwerpunktprogramm teilnehmenden deutschen Arbeitsgruppen und andere Interessenten. Darin enthalten:
- Informationen über das ODP-Geschehen
- Informationen des DFG-Schwerpunktprogramms ODP/DSDP
- Berichte von Sitzungen der JOIDES Gremien
- Hinweise auf Veröffentlichungen und Veranstaltungen
- Verleihlisten für Berichte, Publikationen, Technische Beschreibungen

Kolloquien

des DFG-Schwerpunktprogramms „Ocean Drilling Program/Deep Sea Drilling Project"

- 24./25. Januar 1985, Hannover
- 13./14. März 1986, Bonn-Bad Godesberg
- 19./20. Februar 1987, KFA Jülich
- 2.-4. März 1988, Kiel
- 8.-10. März 1989, Tübingen
- 10.-12. Januar 1990, Bremen
- 6.-8. März 1991, Gießen

Liste der deutschen Teilnehmer an Bohrkampagnen des ODP (1983 bis 1989)
(Leg-Nr. in Klammern)

Leitende Wissenschaftler / Co-Chief Scientists

J. Thiede   (104)
M. Sarnthein   (108)
U. von Rad   (122)

Sedimentologie

G. Kuhn	(101)
J. Thurow	(103, 123)
R. Henrich	(104)
G. Bohrmann	(105)
W. Hieke	(107)
J. Behrmann	(110)
G. Wefer	(112)
D. Fütterer	(113)
F. Westall-Klatt	(114)
H. Kassens	(116)
W. Ehrmann	(119)
K. Mehl	(119)
M. Schott	(123)
D. Heling	(125)
R. Stein	(128)

Organische Geochemie

R. Stein	(105, 108)
H. L. ten Haven	(117)
R. Littke	(121)
U. Berner	(124)

Paläontologie, Biostratigraphie

C. Müller	(107, 124)
E. Martini	(112)
R. Gersonde	(113)
J. Fenner	(114)

A. Mackensen	(120)
W. Brenner	(122)
J. Mutterlose	(123)
Ch. Betzler	(124)

Petrologie, Anorganische Geochemie

L. Viereck	(104)
M. Rautenschlein	(106)
P. Herzig	(111)
S. Uhlig	(111)
R. Emmermann	(118)
P. Bitschene	(120)
J. Dehn	(121)
H. Brumsack	(127)

Paläomagnetik, Bohrlochmechanik

W. Bosum	(102)
E. Meyer	(102)
	Technik
U. Bleil	(104)
N. Petersen	(106)
Ch. Krammer	(109)
J. Kopietz	(109)
C. Czora	(109)
	Technik
V. Spieß	(113)
J. Wippern	(127)
K. Krumsiek	(128)

Ingenieurwesen

U. Deutsch   (124E)

Gesteins- oder Sedimentphysik

J. Mienert   (108)
P. Hempel   (115)
A. Wetzel   (116)
W. Ricken   (117)
P. Holler   (128)

Liste der deutschen Vertreter in den Beratungsgremien des ODP (Stand 1991)

1. Executive and Planning Committee:

EXCOM: 1983–1985: F. Bender (H. Dürbaum)
         seit 1986: H. Dürbaum (H. Beiersdorf)
PCOM: 1983–1987: H. Beiersdorf (U. von Rad)
         seit 1987: U. von Rad (H. Beiersdorf)

(EXCOM – Executive Committee, PCOM – Planning Committee)

2. Thematische Panels:

LITHP: 1983–1985: R. Emmermann
         1985–1988: N. Petersen
         seit 1988: J. Erzinger (H. Puchelt)
TECP: 1983–1990: K. Hinz (1988–1990: J. H. Behrmann)
         seit 1990: J. H. Behrmann
SOHP: 1983–1987: M. Sarnthein
         1987–1989: R. Stein (G. Wefer)
OHP   1989–1990: R. Stein
         seit 1991: G. Wefer (R. Gersonde)
SGPP   seit 1989: E. Suess, J. Mienert

(LITHP – Lithosphere Panel, TECP – Tectonics Panel, SOHP – Sediment
and Ocean History Panel, OHP – Ocean History Panel, SGPP – Sedimentary
and Geochemical Processes Panel)

3. Regionale Panels:

ARP: 1983–1987: J. Thiede
         1987–1988: Ch. Hemleben (1988: M. Sarnthein)
IOP: 1983–1987: U. von Rad
         1987–1988: H. Bäcker
WPAC: 1983–1987: H.-U. Schlüter
         1987–1989: H.-R. Kudrass
CEPAC: 1983–1988: U. von Stackelberg
         1988–1989: H. Beiersdorf (H.-J. Brumsack)
SOP: 1983–1988: D. Fütterer

(ARP – Atlantic Regional Panel, IOP – Indian Ocean Panel, WPAC – Western Pacific Panel, CEPAC – Central and Eastern Pacific Panel, SOP –
Southern Ocean Panel)

4. Service Panels, andere:

DMP:
1983–1988: R. Jung
1988–1991: H. Villinger (R. Jung)
seit 1991: J. K. Draxler

SSP:
1983–1987: W. Weigel (H.K. Wong)
seit 1987: H. Meyer (W. Weigel)

IHP:
1983–1989: J. Nowak
seit 1989: V. Spiess (W. Brückmann)

PPSP:
1984: E. Hotz
1985–1988: G. Stober
1988–1989: P. Haseldonckx

TEDCOM:
seit 1984: C. Marx
seit 1989: zusätzlich H. Rischmüller

(DMP − Downhole Measurement Panel, SSP − Site Survey Panel, IHP − Information Handling Panel, PPSP − Pollution Prevention and Safety Panel, TEDCOM − Technology and Engineering Development Committee)

5. Working Groups, neue Detailed Planning Groups:

N WG: 1983–1984: K. Hinz, J. Thiede
M WG: 1983–1985: F. Fabricius, J. Makris
C WG: 1983–1984: Ch. Hemleben
RS WG: 1985–1986: H. Bäcker
EPR/SR DPG: 1988–1989: H. Bäcker
NARM-DPG: seit 1991: K. Hinz
NAAG-DPG: seit 1991: R. Henrich
SL-WG: seit 1990: M. Sarnthein

(N WG − Norwegian Working Group, M WG − Mediterranean Working Group, C WG − Carribean Working Group, RS WG − Red Sea Working Group, EPR/SR DPG − East Pacific Rise/Sedimented Ridges Working Group, NARM-DPG − North Atlantic Rifted Margins*, NAAG-DPG − North Atlantic Arctic Gateways*, SL-WG − Sea Level Working Group)

6. Council
Council: seit 1984: D. Maronde

In Klammern Name des Vertreters.
Anmerkung: Die Beratungsstruktur wurde 1988 geändert, so daß einige Gremien neu hinzukamen, andere (regionale Panels) aufgelöst wurden.

---

* Detailed Planning Group

Im Rahmen des Schwerpunktprogramms „Deep Sea Drilling Project/Ocean Drilling Program" der Deutschen Forschungsgemeinschaft von 1983 bis 1989 bearbeitete Themen

J. Behrmann:	Gefügeanalyse tektonisch deformierter Tonsteine in einem rezenten Akkretionskomplex. Probenauswertung Leg 110, Barbados.
F. Bender, H. Dürbaum, H. Beiersdorf:	Koordination des Schwerpunktprogramms „ODP/DSDP".
U. Bleil:	Analyse magnetischer Anomalielineationen in der Weddell-See (Pre-Site Survey Leg 114).
U. Bleil:	Magnetostratigraphie mariner Sedimente und magnetischer Strukturen in der magmatischen ozeanischen Kruste.
U. Bleil:	Magnetostratigraphie känozoischer Sedimente und magnetische Strukturen der ‚dipping reflectors' in der Norwegischen See.
U. Bleil:	Magnetostratigraphie sedimentärer Ablagerungen im Antarktischen Ozean.
W. Bosum, J. Kopietz:	Vergleichende Präzisions-Bohrlochmessungen in Tiefseekrustenbohrungen.
W. Bosum:	Bohrlochmagnetik-Weiterentwicklung und Einsatz eines 3D-Bohrlochmagnetometers im Rahmen des ODP.
W. Brückmann:	Quantitative Modelle des sedimentären Massentransfers an aktiven Plattenrändern (Analyse von Daten und Probenmaterial des DSDP und ODP).
H.J. Brumsack:	Geochemie paläozoischer und mesozoischer Schwarzschiefer.
E.T. Degens:	Organische Geochemie hydrothermal beeinflußter Sedimente am East Pacific Rise.
E.T. Degens:	Geochemischer Vergleich kretazischer Sedimente S-Atlantik/N-Atlantik/NW-deutscher Wealden.
E.T. Degens:	Geochemischer Vergleich kretazischer und postkretazischer Sedimente – S-Atlantik/N-Atlantik.
E.T. Degens:	Organische Geochemie der Sedimente des Tyrrhenischen Meeres und des NW-afrikanischen Kontinentalhanges.
E.T. Degens:	Organische Geochemie der Sedimente und Porenwässer des Auftriebsgebietes vor der peruanischen Küste.

E. T. Degens:	Organische Geochemie der Sedimente und Porenwässer des Auftriebsgebietes im nordwestlichen Arabischen Meer.
G. Einsele, U. Bayer, A. Wetzel:	Auswirkungen von Sedimentauflast, lateralem Streß, Sedimentart und Ablagerungsbedingungen etc. auf sediment-physikalische Eigenschaften und den Ablauf der mechanischen Diagenese an Kernmaterial aus dem DSDP.
R. Emmermann:	Wechselwirkung Basalt/Meerwasser und Basalt/Hydrothermen; Geochemie volatiler Bestandteile in Ozeanbodenbasalten.
R. Emmermann:	Struktur, Stoffbestand und Entstehung der ozeanischen Lage 2.
R. Emmermann:	Geochemie volatiler Gesteinsbestandteile, Alterationsgeochemie.
R. Emmermann:	Geochemie der ozeanischen Kruste.
R. Emmermann:	Stoffbestand und Genese gabbroider Gesteine der ozeanischen Lage 3; Alterationsmineralogie und Alterationsgeochemie; Petrologie oxidischer und sulfidischer Erzparagenesen.
J. Erzinger:	Geochemie von Cl, Br, J und 10B/11B in Ozeanbodengesteinen und -sedimenten; Alterationsgeochemie.
J. Erzinger:	Zur Geochemie der Kupfervererzung am Manihiki-Plateau; Geochemie und Petrologie ozeanischer Plateaus.
E. Faber:	Genese gasförmiger Kohlenwasserstoffe in Sedimenten der ODP Bohrungen Leg 124.
F. Fabricius, W. Hieke:	Auswertung von ODP-Probenmaterial aus dem Tyrrhenischen Meer (Leg 107).
G. Friedrich, P. Herzig:	Hydrothermale Alteration im Sheeted Dike Komplex der ozeanischen Kruste (504B, Leg 111).
H. Friedrichsen:	Geochemische Stoffbilanzen bei Austauschvorgängen zwischen der ozeanischen Kruste und dem Meerwasser (Leg 92); Bildungsbedingungen sulfidischer Erzlagerstätten vom Troodos-Typ (Leg 83, Leg 92, Troodos).
H. Friedrichsen:	Zur Alteration der ozeanischen Kruste, ihrer thermischen Geschichte und den Wasser-Gesteinsreaktionen am Beispiel der Bohrkerne aus Hole 504B.
H. Friedrichsen:	Datierung der Wasser-Gesteinsreaktionen in hydrothermalen Zirkulationszellen an mittelozeanischen Rücken.

H. Friedrichsen:	Hydrothermale Zirkulationszellen in „back-arc" Spreading Zentren; eine chemische Bilanzierung der Wasser-Gesteinsreaktionen.
H. Friedrichsen, K. Hammerschmidt:	Systematik leichter Edelgase in hydrothermalen Zirkulationszellen.
H. Friedrichsen:	Fluid-Gesteinsreaktionen in Gabbros der Mission Leg 118.
D. K. Fütterer, H. W. Hubberten:	Sedimentgeologische Untersuchungen im Weddell-Meer, Antarktis, ODP Leg 113 (Calcisphären, Tephrachronologie).
D. K. Fütterer, W. Ehrmann:	Mesozoische und känozoische Sedimentation in der Prydz-Bucht und auf dem Kerguelenrücken, südlicher Indischer Ozean (Leg 119).
K. Fuchs:	Die ozeanische Weltspannungskarte und der Spannungszustand der ozeanischen Lithosphäre.
R. Gersonde:	Biostratigraphische und paläozeanographische Auswertung mariner Diatomeen aus Sedimenten des Weddell-Meeres (Leg 113).
R. Gersonde, A. Mackensen:	Benthische Foraminiferen und Paläozeanographie des Känozoikums auf dem Kerguelenrücken, südlicher Indischer Ozean (Leg 120).
R. Gersonde:	Marin-geologischer Pre-Site-Survey des Astrid-Rückens (Antarktis) und neogene Diatomeen aus DSDP-Kernen aus südlichen hohen Breiten.
H. Hagn:	Die Foraminiferen von ODP Leg 129 (Zentralpazifik) unter besonderer Berücksichtigung der jurassischen und tertiären Fauna.
K. Hammerschmidt:	Datierung der Hoch- und Tieftemperaturalteration der ozeanischen Kruste.
H.-P. Harjes:	Stratigraphische Klassifikation seismischer Messungen.
D. Heling:	Clay mineral studies ODP Leg 125.
Ch. Hemleben:	Entwicklung des kalkigen Planktons im Roten Meer vom oberen Pliozän bis ins Holozän.
Ch. Hemleben:	Oberflächen-Ultrastrukturen planktonischer Foraminiferen unter besonderer Berücksichtigung der Stachelphylogenie.
R. Henrich, J. Thiede:	Vereisungsgeschichte, Umschwünge der Paläozirkulation und Paläoproduktivität im Nordatlantik und der Norwegisch-Grönländischen See vom Miozän bis Quartär.
R. Henrich,	Die neogene Abkühlungsgeschichte im N-Atlantisch-

J. Thiede:	Arktischen Raum: Hinweise aus DSDP/ODP Bohrungen.
D. Herm, Th. Steiger:	Sedimentologische und paläontologische Auswertung der Trias- und Kreide-Karbonate von Leg 122 und 123.
D. Herm:	Fluktuationen der ozeanischen Plankton- und Benthos-Foraminiferen-Vergesellschaftungen im Zeitraum von Mittelkreide bis Alttertiär (Europa, N-Amerika, N-Atlantik).
D. Herm, Th. Steiger:	Vergleichende mikrofazielle und mikropaläontologische Untersuchungen zur Entstehung und lateralen Verzahnung von jurassischen Becken-Schwellen-Sedimenten der nördlichen Kalkalpen und des Atlantiks.
W. Hieke, F. Fabricius:	Tonminerale in neogenen und quartären Sedimenten des östlichen Mittelmeeres und ihre Herkunft.
W. Hieke:	Sedimentation in einem Back-arc-Basin (Marsili Basin, Tyrrhenisches Meer).
K. Hinz:	Geophysikalische Untersuchungen an konjugierenden passiven Kontinentalrändern der Norwegisch-Grönländischen See.
K. Hinz:	Digitalseismische 2-Schiffsmessungen in der Norwegisch-Grönländischen See.
K. Hinz:	Geologischer Aufbau und Entwicklung des NW-Sulu-Beckens.
K. Hinz:	Krustenaufbau im Bereich von ‚Fracture‘-Zonen.
K. Hinz:	Aufbereitung, Auswertung und Interpretation von geophysikalischen Site-Survey-Daten vom „Banda-Sulu-South China Sea Transect" mit Erarbeitung eines Bohrprospekts.
K. Hinz:	Bau und geologische Entwicklung des atlantischen Kontinentalrandes Argentiniens – Aufbereitung, Auswertung und Interpretation von digitalseismischen Daten für die Definition von ODP Bohrzielen im Südatlantischen Ozean.
K. Hinz:	Mesozoische ozeanische Krustentypen.
D. Leythäuser:	Geochemische Indikation für die Migration leichtflüchtiger Kohlenwasserstoffe in ausgewählten DSDP/ODP Bohrungen.
H. P. Luterbacher:	Foraminiferen des Jura und der Unteren Kreide des DSDP.
H. P. Luterbacher, W. Brenner:	Untersuchung der mesozoischen Palynomorphen auf dem Exmouth Plateau, ODP Leg 122.

H. P. Luterbacher:	Untersuchung der känozoischen Karbonatturbidite der Celebes- und Sulu-See, Leg 124.
G. F. Lutze:	Plio-Pleistozäne Faunenschwankungen der Benthosforaminiferen in 3 ODP Bohrungen vor NW-Afrika, Zusammenhänge mit Hochproduktionsgebieten.
J. Makris, H. Hirschleber:	Auswertung der in der Nordägäis gewonnenen reflexions- und refraktionsseismischen und magnetischen Daten.
E. Martini:	Systematik, Palökologie und stratigraphische Bedeutung von Silicoflagellaten (und Ebriiden) im Känozoikum.
E. Martini:	Systematik, Palökologie und stratigraphische Bedeutung von Silicoflagellaten, Ebriiden und Actinisciden im Känozoikum des Nordmeeres.
E. Martini:	Poriferenskleren im Neogen und Quartär von DSDP/ODP Bohrungen.
E. Martini:	Tertiäre Nannoplanktonstratigraphie und Paläoozeanographie der Celebes- und Sulu-See sowie Vergleich mit Ergebnissen von den umliegenden Inseln (Borneo, Palawan, Philippinen).
D. Matthies:	Altersbestimmungen und Paläotemperaturmessungen an Tephrahorizonten in Sedimenten des ODP, Leg 119 und 120.
D. Meischner:	Resedimentation von Flachwasser-Karbonaten am Hang und auf den nahen Tiefseeböden der Bahama-Plattform, gesteuert durch Spiegelschwankungen des Weltmeeres.
J. Mienert:	Rekonstruktion von Paläotemperaturen in der ozeanischen Kruste anhand von diagenetischen Sedimentabfolgen: Beziehungen zwischen Permeabilität, Wärmefluß und Sedimentdiagenese an mittelozeanischen Rücken.
G. Morteani, H. Köster, L. Bachmann:	Veränderungen der Mikrostruktur von marinen Sedimenten während der Diagenese und deren Einfluß auf die Magnetostratigraphie.
N. Petersen:	Magnetische Eigenschaften von Ozeanbasalten: Bestimmung der Art der Platznahme von ozeanischen Basalten mit Hilfe der Anisotropie der magnetischen Suszeptibilität und Untersuchung der viskosen Magnetisierung von Ozeanbasalten.
N. Petersen:	Magnetische Eigenschaften von Ozean-Basalten und -Sedimenten: Viskose Magnetisierung der Ozean-Basalte und magnetische Mineralkomponenten der Ozean-Sedimente.

N. Petersen,	Magnetische, mineralogische und elektronenmikroskopi-
G. Morteani,	sche Untersuchungen des Trägers der Magnetisierung
L. Bachmann:	von Tiefseesedimenten.
N. Petersen:	Zusammenhang zwischen Curie-Temperatur und Alter von Ozeanbodenbasalten: Versuch einer Altersbestimmung.
H. Puchelt:	Volatile, erzbildende und Platingruppenelemente in Ozeanbodenbasalten, ihren Verwitterungsprodukten sowie sulfidischen und oxidischen Erzen.
H. Puchelt,	Geochemische-petrologische Untersuchungen an hard-
R. Altherr:	rock Bohr- und Dredgeproben aus Pazifik, Atlantik, Indik und Rotem Meer (DSDP).
U. von Rad:	Das Paläoenvironment der Riftphase und des Rift-Drift-Übergangs am Exmouth-Plateau vor NW-Australien (Leg 122).
P. Rothe:	Klima- und Sedimentationsgeschichte im Süd-Atlantik vor SW-Afrika im Quartär und Tertiär.
P. Rothe:	Kalk-Mergel-Wechsellagerung im Neogen in DSDP/ODP Sites oberhalb der ozeanischen Karbonat-Lysokline in verschiedenen Klimazonen.
P. Rothe:	Mineralogische Zusammensetzung von Sedimenten im Hinblick vor allem auf Herkunft der Tonminerale, Ablagerungsbedingungen, sediment-physikalischer Eigenschaften und den Ablauf chemischer und mechanischer Diagenese an Kernmaterial aus dem ODP/DSDP.
M. Sarnthein:	Paläoklimatische Ereignisse im Jungtertiär der Süd-Hemisphäre (Staubdrift und ozeanische Produktivität vor Ostaustralien).
M. Sarnthein, F.-C. Kögler:	Ursachen von Schichtlücken in der Tiefsee.
M. Sarnthein:	Zur Steuerung der tertiären Klimageschichte und Paläoozeanographie im tropisch-subtropischen Ostatlantik (ODP Leg 108).
M. Sarnthein:	Paläoklima, ozeanische Paläoproduktivität und Tiefenwasser-Paläoozeanographie des Ostatlantiks im Jungtertiär (Auswertung ODP Leg 108).
M. Sarnthein:	Neue Informationen zur Entwicklungsgeschichte des Zirkum-Antarktischen Stroms (Diatomeenanalyse, Leg 114).

M. Sarnthein:	Tiefenwasser-Paläoozeanographie des Ostatlantiks und ozeanische Paläoproduktivität im Jungtertiär (ODP Leg 108).
H. U. Schmincke:	Petrologie vulkaniklastischer und magmatischer Gesteine der Ozeankruste.
H. U. Schmincke:	Petrologie und Vulkanologie von Seamounts und marinen Tephralagen.
R. Stein:	Paläoklima und Paläoproduktivität in neogenen Sedimenten aus dem subpolaren und subtropischen Nordatlantik.
R. Stein:	Paläoklima, paläoozeanographische Verhältnisse und Akkumulation von organischem Kohlenstoff in der Japan-See.
J. Thiede, R. Henrich:	Geschichte des Nordatlantiks und der Norwegisch-Grönländischen See (Analyse von Daten und Probenmaterial des Tiefseebohrprojekts).
J. Thiede, J. Mienert, W. Brenner, W. Brückmann:	Ozeanische Sedimentflüsse: Veränderlichkeit in Raum und Zeit (Synthese der ozeanischen Sedimentationsgeschichte anhand von DSDP- und ODP-Bohrungen).
B. Urban-Küttel:	Palynologische Untersuchungen plio-/pleistozäner mariner Sedimente in Zentralitalien.
K. H. Wedepohl:	Geochemische Untersuchungen von Corg-reichen Sedimenten und Porenwässern des Pazifik.
K. H. Wedepohl:	Geochemische Untersuchungen von Corg-reichen Sedimenten der Subantarktischen See (Weddell-See und Bransfield-Straße).
G. Wefer:	Paläoklima im Ostpazifik (vor Peru): Auswertung von ODP-Bohrungen.
W. Weigel:	Tiefenstruktur des östlichen Jan Mayen-Rückens nach Refraktionsseismik und Katalogisierung von Flachseismik-Daten (3,5 kHz) der Arktis II/5-Expedition.
D. Welte:	Untersuchungen und Überlegungen zur Entstehung von Sedimenten, die reich an organischem Material sind.
D. Welte:	Auftriebsgebiete als Modellsituationen für die Genese mesozoischer Schwarzschiefer.
J. Wiedmann:	Biostratigraphie und Paläoozeanographie kretazischer Radiolarien, aggl. Tiefsee-Foraminiferen und Mollusken des Atlantiks (Legs 103, 93, 47B, 43) und der westlichen Tethys.

J. Wiedmann: Paläoozeanographische Events im Mesozoikum der zentralen Tethys (Nepal, Papua-Neuguinea, Leg 122/123).

H. Willems: Calcisphäruliden der Ober-Kreide und des Paläozän von Legs 15, 39 und 47 aus dem Atlantik.

R. Wolfart: Rekonstruktion und teilweise digitale kartographische Darstellung der geologischen und paläogeographischen Entwicklung des Atlantik während der einzelnen Stufen der Kreide-Zeit unter besonderer Berücksichtigung rohstoffrelevanter Daten.

H. Zankl: Palynologische Evidenz klimarelevanter Ereignisse in den miozänen Sedimenten des Nordatlantiks.

Publikationen im ODP, an denen deutsche Autoren mitgewirkt haben (Stand 1990)

Adamson, A.; Alt, J.C.; Bideau, D.; Herzig, P.M. (1989): Alteration of sheeted dikes from Hole 504B, ODP Leg 111. Proc. ODP, Sci. Results *III*. College Station, Texas (Ocean Drilling Program).

Arthur, M.; Srivastava, S. et al. (darunter Aksu, A.; Bohrmann, G.; Stein, R.) (1986): End of spreading and glacial onset dated. Geotimes *31*/4, 11–14.

Arthur, M.; Srivastava, S. et al. (darunter Aksu, A.; Bohrmann, G.; Stein, R.) (1986): Résultats préliminaires de la campagne de forages du N.O. Joides Resolution dans la Baie de Baffin et la Mer du Labrador (programme international ODP Leg 105). C.R. Acad. Sci. Paris *303*, sér. II, No. 5, 385–389.

Arthur, M.; Srivastava, S. et al. (darunter Bohrmann, G.; Stein, R.) (1986): High-latitude paleoceanography. Nature *320*, 17–18.

Arthur, M.; Srivastava, S. et al. (darunter Bohrmann, G.; Stein, R.) (1987): Proc. ODP, Init. Repts. *105*, 917 pp.

Austin, J.A. Jr.; Schlager, W. et al. (darunter Kuhn, G.) (1985): Megabank found? Flanks record sea level. Geotimes *30*, 12–15.

Austin, J.A. Jr.; Schlager, W. et al. (darunter Kuhn, G.) (1988): Leg 101 — an overview. In: Austin, J.A. Jr.; Schlager, W. et al. (eds.): Proc. ODP, Sci. Results *101*, 455–472. College Station, Texas (Ocean Drilling Program).

Auzende, J.-M.; Rad, U. von; Ruellan, E.; Cyamaz (unter Beteiligung von Dostmann, H.) (1985): Outline and results of the Cyamaz cruise (Mazagan Escarpment — West Morocco). In: Oceanol. Acta Rev. Eur. d'Océanol., Vol. spec. No. *5*, 5–58.

Backman, J.; Duncan, R. et al. (darunter Hempel, P.) (1987): Leg 115 tracks oozes and hot spots. Geotimes *32*, 13–15.

Backman, J.; Duncan, R. et al. (darunter Hempel, P.) (1987): New studies of the Indian Ocean. Nature *329*, 586–587.

Backman, J.; Duncan, R. et al. (darunter Hempel, P.) (1988): Proc. ODP, Init. Repts. *115*, 1085 pp.

Bäcker, H.; Bram, K.; Plaumann, S.; Roeser, H.A. (1980): The Red Sea. In: Closs, H. et al. (eds.): Mobile Earth, DFG Res. Rept., 45–49. Boppard (Boldt).

Barker, P.; Kennett, J. et al. (darunter Fütterer, D.; Gersonde, R.; Spiess, V.) (1987): Glacial history of Antarctica. Nature *328*, 115–116.

Barker, P.; Kennett, J. et al. (darunter Fütterer, D.; Gersonde, R.; Spiess, V.) (1987): Leg 113 explores climatic changes. Geotimes *32*, 12–15.

Barker, P.; Kennett, J. et al. (darunter Fütterer, D.; Gersonde, R.; Spiess, V.) (1988): Weddell Sea paleo-oceanography: preliminary results of ODP Leg 113. Paleogeography, -climatology, -ecology *67*, 75–102.

Barker, P.; Kennett, J.; O'Connell, S. et al. (darunter Fütterer, D.; Gersonde, R.; Spiess, V.) (1988): Proc. ODP, Init. Repts. *113*, 758 pp.

Barker, P.; Kennett, J. et al. (darunter Fütterer, D.; Gersonde, R.; Spiess, V.) (1988): Résultats préliminaires de la campagne 113 du Joides-Resolution (Ocean Drilling Program) en mer de Weddell: histoire de la glaciation antarctique. C. R. Acad. Sci. Paris *306*, sér. II, 73-78.

Barron, J.; Larsen, B. et al. (darunter Dorn, W.; Ehrmann, W.; Mehl, K.) (1988): Leg 119 studies climatic history. Geotimes *33*, 14-16.

Barron, J.; Larsen, B. et al. (darunter Dorn, W.; Ehrmann, W.; Mehl, K.) (1988): Early glaciation of Antarctica. Nature *333*, 303-304.

Barron, J.; Larsen, B. et al. (darunter Dorn, W.; Ehrmann, W.; Mehl, K.) (1989): Proc. ODP, Init. Repts. *119*, 942 pp. College Station, Texas (Ocean Drilling Program).

Beiersdorf, H.; Knitter, H. (1986): Diagenetic layering and lamination. Mitt. Geol. – Paläont. Inst. Univ. Hamburg, SCOPE/UNEP Sonderband *60*, 267-273.

Berner, U.; Dumke, I.; Faber, E.; Poggenburg, J. (1990): Organic geochemistry of the Sulu Trench/Philippines. In: Silver, E.; Rangin, C. (eds.): Proc. ODP, Init. Repts. *124*, 113-118. College Station, Texas (Ocean Drilling Program).

Berner, U.; Bertrand, Ph.; the Scientific Party Leg 124 (1990): Evaluation of the paleo-geothermal gradient at Site 768 (Sulu Sea). Geophys. Res. Lett. (Oct. 1990).

Berner, U.; Bertrand, Ph. (im Druck): Light hydrocarbons in sediments of the Celebes and Sulu Basins (ODP Sites 767 and 768): Genetic characterization by molecular and stable isotope composition. In: Silver, E.; Rangin, C. et al. (eds.): Proc. ODP, Sci. Results *124*. College Station, Texas (Ocean Drilling Program).

Berner, U.; Bertrand, Ph.; Breymann, M. von; Faber, E.; Scientific Party Leg 124 (im Druck): Gas geochemistry of Sites 767 and 768, Celebes and Sulu Sea. In: Durand, B. (ed.): Proc. Bacterial Gas Conference, Milano.

Bertrand, Ph.; Berner, U.; Lallier-Verges (im Druck): Organic sedimentation in Celebes and Sulu Basins (ODP Leg 124): Evaluation of organic acculumation rates and type of organic matter. In: Silver, E.; Rangin, C. et al. (eds.): Proc. ODP, Sci. Results *124*. College Station, Texas (Ocean Drilling Program).

Blasco, S.; Johnson, G. L.; Mayer, L.; Thiede, J. (1987): Drilling will reveal important changes. Geotimes *32*, 8.

Bleil, U. (1987): Quaternary high latitude magnetostratigraphy. Polar Res. *5*, 325-327.

Bleil, U.; Gard, G. (1989): Chronology and correlation of Quaternary magneto-stratigraphy and nannofossil biostratigraphy in Norwegian-Greenland Sea sediments. Geol. Rdsch. *78,* 1173–1187.

Bleil, U. (1989): Magnetostratigraphy of Neogene and Quaternary sediment series from the Norwegian Sea, results of ODP Leg 104. In: Eldholm, O.; Thiede, J. et al. (eds.): Proc. ODP, Sci. Results *104.* College Station, Texas (Ocean Drilling Program).

Bloomer, S. F.; Nobes, D. C.; Mienert, J. (1988): Cyclicity in the subantarctic South Atlantic: Milankovitch cycles? Abstract EOS *69,* No. 44, 1244.

Bohrmann, G.; Henrich, R.; Wolf, T.; Thiede, J. (1988): Comparison of Late Canozoic Depositional Environments of the Norwegian-Greenland and Labrador Seas. VII EGS-Meeting Bologna, Terra Cogn. Abstr. *1* (1), 22.

Bohrmann, G.; Stein, R. (1989): Biogenic silica at ODP-Site 647 in the Southern Labrador Sea: occurrence, diagenesis, and paleoceanographic implications. In: Arthur, M.; Srivastava, S. et al. (eds.): Proc. ODP *105,* 155–170.

Bohrmann, G.; Stein, R.; Faugeres, J. C. (1989): Authigenic zeolites and their relation to silica diagenesis in ODP-Site 661 sediments (Leg 108. Eastern Equatorial Atlantic). Geol. Rdsch., DSDP-Sonderband *78/3,* 779–792.

Bohrmann, G.; Thiede, J. (1989): Diagenesis in Eocene Claystones, ODP-Site 647, Labrador Sea: Formation of Complex Authigenic Carbonates, Smectites, and Apatite. In: Srivastava, S.; Arthur, M.; Clement, B. et al. (eds.): Proc. ODP, Sci. Results *105,* 137–154. College Station, Texas (Ocean Drilling Program).

Bohrmann, G.; Henrich, R.; Thiede, J. (1990): Miocene to Quaternary paleoceanography in the northern North Atlantic: Indications by changes in carbonate and biogenic opal accumulation. In: Bleil, U.; Thiede, J. (eds.): Geological history of the Polar Oceans. Arctic versus Antarctic. Nato Asi Ser. C. Kluwer Acad. Publ., 647–675.

Bohrmann, G.; Ehrmann, W. (im Druck): Analysis of sedimantary facies using bulk mineralogical characteristics in Cretaceous to Quaternary sediments from the Kerguelen Plateau: ODP-Sites 737, 738, and 744. Barron, J.; Larsen, B. et al. (eds.): Proc. ODP, Sci. Results *119.* College Station, Texas (Ocean Drilling Program).

Boillot, G.; Winterer, E. L. et al. (darunter Thurow, J.) (1985): ODP Leg 103 drills into rift structures. Geotimes *31,* 15–17.

Boillot, G.; Winterer, E. L. et al. (darunter Thurow, J.) (1985): Evolution of a passive margin. Nature *317,* 115–116.

Boillot, G.; Recy, M.; Winterer, E. L.; Thurow, J. et al. (1986): Amincissement de la croûte continentale et dénundation tectonique du manteau supérieur sous les marges stables: à la recherche d'un modèle − 1' example de la marge occidentale de la Galice (Espagne). Bull. Centres Rech. Explor.; Explor. Prod. Elf Aquitaine *10* (1), 95–104.

Boillot, G.; Winterer, E. L. et al. (darunter Thurow, J.) (1987): Résultats préliminaires de la campagne 103 du Joides Resolution (Ocean Drilling Program) au marge de la Galice (Espagne): sédimentation et distension pendant le ‚rifting' d'une marge stable; hypothèse d'une dénundation tectonique du manteau supérieur. C. R. Acad. Sci. Paris *301,* sér. II/9, 627–632.

Boillot, G.; Winterer, E. L.; Meyer, A. W. et al. (darunter Thurow, J.) (1987): Proc. ODP, Init. Repts. *103,* 1–663.

Boillot, G.; Recy, M.; Winterer, E. L.; Thurow, J. et al. (1987): Tectonic denundation of the upper mantle along passive margins: A model based on drilling results (ODP Leg 103, Western Galicia Margin, Spain). Tectonophysics *132,* 335–342.

Boillot, G.; Winterer, E. L.; Meyer, A. W. et al. (darunter Thurow, J.) (1987): Introduction, objectives and principal results: Ocean Drilling Program Leg 103, West Galicia margin. Proc. ODP, Init. Repts. *103,* 3–17.

Bosum, W. (1987): Magnetische Bohrlochmessungen in der Tiefseebohrung 418A (Bermuda Rise) unter Verwendung eines 3D-Bohrlochmagnetometers. KTB Report *87-*2, 377–389. Nieders. Landesamt für Bodenforschung.

Bosum, W.; Scott, J. H. (1988): Interpretation of magnetic logs in basalt, Hole 418A. In: Salisbury, M. H.; Scott, J. H. et al. (eds.): Proc. ODP, Sci. Results *102,* 77–95.

Bosum, W.; Kopietz, J. (1990): BGR Magnetometer Logging in Hole 395A, Leg 109. In: Detrick, R.; Honnorez, J.; Bryan, W. B.; Juteau, T. et al. (eds.): Proc. ODP, Sci. Results, *106/109,* 309–313. College Station, Texas (Ocean Drilling Program).

Breymann, M. von; Emeis, K.-C.; Camerlenghi, A. (1990): Geochemistry of sediments from the Peru upwelling area: results from ODP Sites 680, 682, 685 and 688. In: Suess, E.; Huene, R. von et al. (eds.): Proc. ODP, Sci. Results *112,* 491–503. College Station, Texas (Ocean Drilling Program).

Breymann, M. von; Emeis, K.-C.; Suess, E. (eingereicht): Water depth and diagenetic constraints on the use of barium as a pales productivity indicator. In: Summerhayes, C. P.; Prell, W. L.; Emeis, K.-C. (eds.): Evolution of Upwelling Systems since the Miocene. London (Blackwells).

Brosse, E.; Deroo, G.; Herbin, J. P.; Thurow, J. et al. (1986): Caractérisation des couches riches en matière organique dans l'océan Atlantique au Mésozoique. Abstract, Réunion du GRECO 52 − Les couches riches en matière organique et leurs conditions de dépôt (Tours, 14./15. 11. 1985). Documents BRGM *110,* 281–282.

Brückmann, W. (1988): Accretion undone. Terra Cognita *8*, 33. (Abstract).

Brückmann, W. (1989): Typische Kompaktionsabläufe mariner Sedimente und ihre Modifikation in einem rezenten Akkretionskeil (Barbados Ridge). Beitr. Geol. Inst. Univ. Tübingen, Rh. A. *5*, 1–135.

Brückmann, W. (1989): Modelling of sediment deformation in a growing accretionary prism (Barbados Ridge). Terra abstracts *1*, 238.

Brückmann, W. (1989): Porosity modeling and stress evaluation in the Barbados Ridge Accretionary complex. Geol. Rdsch. *78* (1), 197–205. Stuttgart.

Brückmann, W. (im Druck): Stress induced modification of sediment mass physical properties during accretion: a reconstructional approach. Pacific Section SEPM Publ.

Brumsack, H.-J.; Thurow, J. (1986): The geochemical facies of black shales from the Cenomanian/Turonian Boundary Event. In: Degens, E.T.; Meyers, P.A.; Brassell, S.C. (eds.): Biogeochemistry of black shales. Mitt. Geol. Paläont. Inst. Univ. Hamburg *60*, 247–265.

Bruns, T.; Huene, R. von; Culotta, R. (1988): Geology and petroleum potential of the Shumagin Margin, Alaska. In: Scholl, D.W.; Grantz, A.; Vedder, J.G. (eds.): Geology and resource potential of the continental margin of western North America and adjacent ocean basins – Beaufort Sear to Baja California. Earth Sci. Ser. *6*, 157–189. Circum-Pacific Council for Energy and Mineral Resources, Houston, Texas.

Burckle, L.H.; Gersonde, R.; Abrams, N. (1990): Late Pliocene-Pleistocene paleoclimate in the Jane Basin region: ODP Site 697. In: Barker, P.; Kennett, J. et al. (eds.): Proc. ODP, Sci. Results *113*. College Station, Texas (Ocean Drilling Program).

Cash, D.; Homuth, E.F.; Keppler, H.; Pearson, C.F.; Sasaki, S. (1983): Fault plane solutions for microearthquakes induced at the Fenton Hill Hot Dry Rock geothermal site: implications for the state of stress near a Quaternary volcanic center. Geophys. Res. Lett. *10*, 1141–1144.

Ciesielski, P.; Kristoffersen, Y. et al. (darunter Fenner, J.; Westall, F.) (1987): Paleoceanography of the subantarctic South Atlantic. Nature *328*, 671–672.

Ciesielski, P.; Kristoffersen, Y. et al. (darunter Fenner, J.; Westall, F.) (1987): Leg 114 finds complete sedimentary record. Geotimes *32*, 23–25.

Ciesielski, P.; Kristoffersen, Y. et al. (darunter Fenner, J.; Westall, F.) (1987): ODP 114, Ocean Drilling Program, Expansion océanique et circulations océaniques. Géochronique, Rev. d'information d'expression française en sciences de la terre *24*, 14.

Ciesielski, P.F.; Kristoffersen, Y. et al. (darunter Fenner, J.; Westall, F.) (1988): Preliminary results of subantarctic South Atlantic Leg 114 of the Ocean Drilling Program. Proc. ODP, Init. Repts. *114*, Part 1, 797–806.

Cochran, J.R.; Stow, D.A.V. et al. (darunter Kassens, H.; Wetzel, A.) (1987): Collisions in the Indian Ocean. Nature *330*, 519–521.

Cochran, J.R.; Stow, D.A.V. et al. (darunter Kassens, H.; Wetzel, A.) (1988): Scientists explore Himalayan uplift. Geotimes *15*, 9–12.

Cochran, J.R.; Stow, D.A.V. et al. (darunter Kassens, H.; Wetzel, A.) (1989): Proc. ODP, Init. Repts. *116*, 388 pp, College Station, Texas. (Ocean Drilling Program).

Comas, M.C.; Boillot, G.; Winterer, E.L.; Thurow, J. et al. (1986): El margen atlantico iberico al W de galicia. Evolucionens regimen extensional y sedimentation (resultados preliminares del Leg 103, Ocean Drilling Program). Estud. geol. *42*, 137–142.

Dash, Z.V.; Murphy, H.D.; Cremer, G.M. (eds.); Aamodt, R.L.; Aguilar, R.G.; Brown, D.W.; Counce, D.A.; Fisher, H.N.; Grigsby, C.O.; Keppler, H.; Laughliln, A.W.; Potter, R.M.; Tester, J.W.; Trujillo, P.E. Jr.; Zyvoloski, G. (Contributors) (1981): Hot Dry Rock Geothermal Reservoir Testing: 1978 to 1980. Los Alamos, LA-9080-SR, Status Report, 62 pp. U.S. Government Printing Office.

Davey, F.J.; Hinz, K.; Cooper, A.K. (1987): Gravity Anomaly Map Ross Sea, Scale 1:1500000. Publ. by the Dep. of Sci. and Ind. Res., Miscellaneous Ser. No. *2*. Wellington, New Zealand.

Degens, E.T.; Wong, H.K.; Wiesner, M.G. (1986): The Black Sea region: sedimentary facies, tectonics and oil potential. In: Degens, E.T.; Meyers, P.A.; Brassell, S.C. (eds.): Biogeochemistry of Black Shales. Mitt. Geol.-Paläont. Inst. Univ. Hamburg, SCOPE/UNEP Sonderband *60*, 127–149.

Degens, E.T.; Emeis, K.-C.; Mycke, B.; Wiesner, M.G. (1986): Turbidites, the principal mechanism yielding black shales in the early deep Atlantic Ocean. In: Summerhayes, C.P.; Shackleton, N.J. (eds.): North Atlantic paleoceanography. Geol. Soc. Spec. Publ. *21*, 361–376.

Diester-Haass, L. (im Druck): Rhythmic carbonate content variations in Neogene sediments above the oceanic lysocline, controlled by environmental factors. In: Einsele, G.; Seilacher, A.; Ricken, W. (eds.): Cycles and events in stratigraphy (Springer-Verlag).

Diester-Haass, L. (eingereicht): Eocene/Oligocene paleoceanography in the Antarctic Ocean, Atlantic sector (Maud Rise, ODP Leg 113, Site 689B and 690B). Marine Geology.

Dobeneck, T. von; Petersen, N.; Vali, H. (1987): Bakterielle Magnetofossilien. Geowiss. in unserer Zeit *37*, 27–35.

Dupont, L.M.; Beug, H.-J.; Stalling, H.; Tiedemann, R. (1988): First palynological results of ODP Site 658 at 21°N west off Afrika. In: Ruddiman, W.; Sarnthein, M. et al. (eds.): Proc. ODP, Sci. Results *108*, 93–111.

Ehrmann, W. U. (im Druck): Implications of sediment composition on the southern Kerguelen Plateau for paleoclimate and depositional environment. In: Barron, J.; Larsen, B. et al. (eds.): Proc. ODP, Sci. Results *119*. College Station, Texas (Ocean Drilling Program).

Ehrmann, W. U.; Grobe, H. (im Druck): Cyclic sedimentation at Sites 745 and 746, ODP Leg 119. In: Barron, J.; Larsen, B. et al. (eds.): Proc. ODP, Sci. Results *119*. College Station, Texas (Ocean Drilling Program).

Ehrmann, W. U.; Grobe, H.; Fütterer, D. K. (im Druck): Late Miocene to recent glacial history of East Antarctica as revealed by sediments from Sites 745 and 746. In: Barron, J.; Larsen, B. et al. (eds.): Proc. ODP, Sci. Results *119*. College Station, Texas (Ocean Drilling Program).

Einsele, G. (1986): Interaction between sediments and basalt injections in young Gulf of California-type spreading centers. Geol. Rdsch. *75/1*, 197-208. Stuttgart.

Einsele, G. (1989): In-situ water contents, liquid limits, and submarine mass flows due to a high liquefaction potential of slope sediment. Geol. Rdsch. *78/3*, 821-840. Stuttgart.

Einsele, G. (1990): Deep-Reaching liquefaction potential of marine slope sediments as a prerequisite of gravity mass flows? Marine Geology *91*.

Eldholm, O.; Thiede, J. et al. (darunter Bleil, U.; Henrich, R.; Viereck, L.) (1986): Formation of the Norwegian Sea. Nature *319*, 360-361.

Eldholm, O.; Thiede, J. et al. (darunter Bleil, U.; Henrich, R.; Viereck, L.) (1986): Reflector identified, glacial onset seen. Geotimes *31* (3), 12-15.

Eldholm, O.; Thiede, J.; Taylor, E. et al. (darunter Bleil, U.; Henrich, R.; Viereck, L.) (1986): ODP Leg 104 drilling and early opening of the Norwegian Sea. Trans. Am. Geophys. Union *67*, 291.

Eldholm, O.; Thiede, J.; Taylor, E. et al. (darunter Bleil, U.; Henrich, R.; Viereck, L.) (1986): Dipping reflectors in the northeast Atlantic − Leg 104: results and a retrospective view of Leg 81. Geol. Soc. Newslett. *14*, 32.

Eldholm, O.; Thiede, J. et al. (1987): Résultats préliminaires de la campagne 104 du Joides-Resolution (Ocean Drilling Program) sur le Plateau de Voering Est de la Mer de Norvège: volcanisme lie aux premiers stades de distrusion d'une croûte continentale; fluctuations climatiques au Nord du Cercle Arctique au cours du Néogène et du Quaternaire. C. R. Acad. Sci. Paris *303*, sére. II. no. 16, 1467-1472.

Eldholm, O.; Thiede, J.; Taylor, E. et al. (darunter Bleil, U.; Henrich, R.; Viereck, L.) (1987): ODP Leg 104. Proc. ODP, Init. Repts. *104*, 738 pp.

Eldholm, O.; Thiede, J.; Taylor, E. (1987): Evolution of the Norwegian continental margin: background and objectives. In: Eldholm, O.; Thiede, J.; Taylor, E. et al. (eds.): Proc. ODP, Init. Repts. *104*, 5-26.

70

Eldholm, O.; Thiede, J. et al. (darunter Bleil, U.; Henrich, R.; Viereck, L.) (1987): ODP Leg 104 (Norwegian Sea): Explanatory notes. In: Eldholm, O.; Thiede, J.; Taylor, E. et al. (eds.): Proc. ODP, Init. Repts. *104*, 27–44.

Eldholm, O.; Thiede, J. et al. (darunter Bleil, U.; Henrich, R.; Viereck, L.) (1987): ODP Leg 104, Underway Geophysics. In: Eldholm, O.; Thiede, J.; Taylor, E. et al. (eds.): Proc. ODP, Init. Repts. *104*, 45–52.

Eldholm, O.; Thiede, J. et al. (darunter Bleil, U.; Henrich, R.; Viereck, L.) (1987): Summary and preliminary conclusions, ODP Leg 104. In: Eldholm, O.; Thiede, J. et al. (eds.): Proc. ODP, Init. Repts. *104*, 751–774.

Eldholm, O.; Thiede, J.; Taylor, E. (1989): The Norwegian continental margin: tectonic, volcanic, and paleoenvironmental framework. In: Eldholm, O.; Thiede, J.; Taylor, E. et al. (eds.): Proc. ODP, Sci. Results *104*, 5–26.

Eldholm, O.; Thiede, J.; Taylor, E. (1989): Evolution of the Voering volcanic margin. In: Eldholm, O.; Thiede, J.; Taylor, E. et al. (eds.): Proc. ODP, Sci. Results *104*, 1033–1065.

Emeis, K.-C.; Kvenvolden, K.A. (1986): Shipboard organic geochemistry onboard Joides Resolution. ODP Technical Note *7*, 1–130.

Emeis, K.-C.; Suess, E.; Wefer, G. (1988): Internationales Tiefseebohrprogramm: Tektonik und Paläozeanographie im Vorland der Anden. Die Geowissenschaften *6*, 1–7.

Emeis, K.-C.; Brown, P. (1989): A note on the geochemistry procedures and the geochemical data base of the Ocean Drilling Program. Mar. Geol. *87*, 329–337.

Emeis, K.-C.; Morse, J.W. (1989): Organic carbon, reduced sulfur, and iron relationships in sediments of the Peru margin, ODP Sites 680 and 688. In: Suess, E.; Huenc, R. von et al. (eds.): Proc. ODP, Sci. Results *112*, 441–453. College Station, Texas (Ocean Drilling Program).

Emeis, K.-C.; Ricken, W. und Leg 117 Fahrtteilnehmer (1989): Paläozeanographie des NW Indischen Ozeans. Ergebnisse von Leg 117 des Internationalen Tiefseebohrprogramms. Geowiss. in unserer Zeit *7/10*, 279–284.

Emeis, K.-C.; Boothe, P.N. et al. (1990): Geochemical data report for Peru margin sediments from Sites 680, 682, 685, 688. In: Suess, R.; Huene, R. von et al. (eds.): Proc. ODP, Sci. Results *112*, 683–692. College Station, Texas (Ocean Drilling Program).

Emeis, K.-C.; Leg 107 Participants (1990): Pleistocene/Upper Pliocene Sapropels in the Tyrrhenian Sea. In: Ittekkot, V.; Michaelis, W.; Spitzy, A.; Kempe, S. (eds.): Facets of Modern Biogeochemistry, 279–295. Berlin, Heidelberg, New York (Springer-Verlag).

Emeis, K.-C.; Mycke, B.; Degens, E.T. (1990): Provenance and maturity of organic carbon in upper Tertiary to Quaternary sediments from the Tyrrhenian

Sea, ODP Leg 107, Holes 652A and 654A. In: Kastens, K.; Mascle, J.; McCoy, F.; Cita, M. B. (eds.): Proc. ODP, Sci. Results *107,* 537–578. College Station, Texas (Ocean Drilling Program).

Emeis, K.-C.; Whelan, J. K.; Tarafa, M. (im Druck): Sedimentary and geochemical expression of oxic and anoxic conditions on the Peru shelf. In: Tyson, R.; Pearson, T. (eds.): Continental Shelf Anoxia. London (Blackwells).

Emeis, K.-C.; Whelan, J. K. (im Druck): Pyrolytic character of organic matter in Cenozoic sediments from the Oman margin. In: Prell, W. D.; Niitsuma, N.; Emeis, K.-C.; Meyers, P. (eds.): Proc. ODP, Sci. Results *117.* College Station, Texas (Ocean Drilling Program).

Exon, N. F.; Williamson, P. E.; Rad, U. von; Haq, B. U. et al. (darunter Brenner, W.) (1989): Ocean drilling program finds Triassic reef play off Northwest Australia. Oil & Gas Journal, Oct. *30,* 46–52.

Faugeres, J. C.; Legigan, P.; Maillet, N.; Sarnthein, M.; Stein, R. (1989): Characteristics and distribution of Neogene turbidites at Site 657 (Leg 108, Cape Blanc, NW Africa): Variations in turbidite source and continental climate. In: Ruddiman, W.; Sarnthein, M. et al. (eds.): Proc. ODP, Sci. Results *108,* 329–348.

Fenner, J. (1986): Information from diatom analysis concerning the Eocene-Oligocene boundary. In: Pomerol, C.; Premoli-Silva, I. (eds.): Terminal Eocene events. Developments in Paleontology and Stratigraphy *9,* 283–287.

Firth, J. V.; Srivastava, S. et al. (darunter Bohrmann, G.; Stein, R.) (1987): Paleontologica and geophysical correlations in Baffin Bay and the Labrador Sea: ODP Leg 105. Cushman Found. Foram. Res., Spec. Publ. *24,* 1–6.

Frische, A.; Quadfasel, D. (1990): Hydrography of the Sulu Sea. In: Rangin, C.; Silver, E. et al. (eds.): Proc. ODP, Init. Repts. *124,* 101–104. College Station, Texas (Ocean Drilling Program).

Fritsch, J.; Tödt, K.-H. (1986): Calibration Measurements with the Bodenseewerk Seagravity Meter Sensors KSS30 and KSS31. Bureau Gravimetrique International, Bull. d'Information *59,* 77–79. Toulouse.

Fritsch, J.; Kewitsch, P. (1987): Gravity Measurements. In: Berichte zur Polarforschung *33,* 66–77. Die Expedition Antarktis-IV mit FS „Polarstern" 1985/86, Bericht vom Fahrtabschnitt ANT-IV/3 (Presite Survey für ODP Leg 113).

Froelich, P. N.; Mlaone, P. N.; Hodell, D. A.; Ciesielski, P. F.; Warnke, D.; Westall, F.; Hailwood, E. A.; Nobes, D. C.; Fenner, J.; Mienert, J.; Mwenifumbo, C. J. (im Druck): Biogenic opal and carbonate acculumation rates in the subantarctic South Atlantic: the Late Neogene of Meteor Rise Site 704. In: Ciesielski, P.; Kristoffersen, Y. et al. (eds.): Proc. ODP, Sci. Results *114.*

Fütterer, D. K.; Kuhn, G.; Schenke, H. W. (1990): Wegener Canyon bathymetry and results from rock dredging near ODP Sites 691–693, Weddell Sea, Antarctic. In: Barker, P. F.; Kennett, J. P. et al. (eds.): Proc. ODP, Sci. Results *113*, 39–50. College Station, Texas (Ocean Drilling Program).

Fütterer, D. K. (1990): Distribution of calcareous dinoflagellates at the Cretaceous-Tertiary boundary of Queen Maud Rise, eastern Weddell Sea, Antarctica (ODP Leg 113). In: Barker, P. F.; Kennett, J. P. et al. (eds.): Proc. ODP, Sci. Results *113*, 533–548. College Station, Texas (Ocean Drilling Program).

Geiss, E.; Petersen, N.; Vali, H. (1989): Amplitude variation of marine magnetic anomalies. Geol. Rdsch. *78/3*, 741–752. Stuttgart.

Gersonde, R. (1990): Taxonomy and morphostructure of Neogene diatoms from the Southern Ocean (ODP Leg 113). In: Barker, P.; Kennett, J. et al. (eds.): Proc. ODP, Sci. Results *113*, 791–802. College Station, Texas (Ocean Drilling Program).

Gersonde, R.; Burckle, L. H. (1990): Neogene diatom biostratigraphy (ODP Leg 113). In: Barker, P.; Kennett, J. et al. (eds.): Proc. ODP, Sci. Results *113*. College Station, Texas (Ocean Drilling Program).

Gersonde, R.; Harwood, D. (1990): Lower Cretaceous Diatoms from ODP Leg 113 Site 693 (Weddell Sea) Part 1: Vegetative cells. In: Barker, P.; Kennett, J. et al. (eds.): Proc. ODP, Sci. Results *113*.

Gersonde, R.; Abelmann, A.; Burckle, L. H.; Hamilton, N.; Lazarus, D.; McCartney, K.; O'Brien, B.; Spieß, V.; Wise, S. W. (1990): Biostratigraphic synthesis of Neogene siliceous microfossils from the Antarctic Ocean, ODP Leg 113 (Weddell Sea). In: Barker, P.; Kennett, J. et al. (eds.): Proc. ODP, Sci. Results *113*.

Gradstein, F.; Ludden, J. et al. (darunter Mutterlose, J.; Thurow, J.; Schott, M.) (1988): Sedimentology of the Argo- and Cascoyne-Abyssal-Plains, NW Australia: Report on Ocean Drilling Programm Leg 123. Carbonates and Evaporites *3* (2), 201–212.

Gradstein, F.; Gibling, M.; Jansa, L.; Kaminski, M.; Ogg, J.; Sarti, M.; Thurow, J.; Westermann, G.; Rad, U. von (1989): Mesozoic stratigraphy of Thakkola, Central Nepal. Bedford, Institute of Oceanography. Special No. 1, 114 pp.

Gradstein, F.; Ludden, J. et al. (darunter Mutterlose, J.; Thurow, J.; Schott, M.) (1989): ODP Leg 123 investigates the inception of the Indian Ocean. Geotimes *34*, 16–19.

Gradstein, F.; Ludden, J. et al. (darunter Mutterlose, J.; Thurow, J.; Schott, M.) (1989): The birth of the Indian Ocean. Nature *337*, 506–507.

Gradstein, F.; Ludden, J. et al. (darunter Mutterlose, J.; Schott, M.; Thurow, J.) (1990): Leg 123. Proc. ODP, Init. Repts. *123*. College Station, Texas (Ocean Drilling Program).

Gradstein, F.; Ludden, J. et al. (darunter Mutterlose, J.; Schott, M.; Thurow, J.) (1990): Introduction, objectives, and principal results: Ocean Drilling Program Leg 123. Argo- and Gascoyne-Abyssal-Plain. Proc. ODP, Init. Repts. *123*.

Grobe, H.; Fütterer, D.; Spieß, V. (1990): Sedimentary cycles and climatic history of the Antarctic continental margin. In: Barker, P.; Kennett, J. et al. (eds.): Proc. ODP, Sci. Results *113*, 121–134.

Hambrey, M. J.; Larsen, B.; Ehrmann, W. U.; ODP Leg 119 Shipboard Scientific Party (1989): Forty million years of Antarctic glacial history yielded by Leg 119 of the Ocean Drilling Program. Polar Record *25* (153), 99–106.

Hambrey, M. J.; Ehrmann, W. U.; Larsen, B. (im Druck): The Cenozoic glacial history of the Prydz Bay continental shelf, East Antarctica. In: Barron, J.; Larson, B. et al. (eds.): Proc. ODP, Sci. Results *119*. College Station, Texas (Ocean Drilling Program).

Harwood, D.; Gersonde, R. (1990): Lower Cretaceous Diatoms from ODP Leg 113 Site 693 (Weddell Sea) Part 2: Spores. ODP Leg 113. In: Barker, P.; Kennett, J. et al. (eds.): Proc. ODP, Sci. Results *113*, 403–426.

Hayes, D. E.; Rabinowitz, P. D.; Hinz, K. (1984): Northwest African continental margin and adjacent ocean floor of Morocco. Ocean Margin Drilling Program, Regional Atlas Series: Mar. Sci. Intern. Atlas 12, 14 pp. Woods Hole, Ma, USA.

Hempel, P.; Mayer, L.; Bohrmann, G.; Taylor, E.; Pittenger, A. (1989): The influence of biogenic silica on seismic lithostratigraphy at ODP Sites 642 and 643, eastern Norwegian Sea. In: Eldholm, O.; Thiede, J. et al. (eds.): Proc. ODP, Sci. Results *104*, 941–947. College Station, Texas (Ocean Drilling Program).

Hempel, P. (1989): Der Einfluß von biogenem Opal auf die Bildung seismischer Reflektoren und die Verbreitung opalreicher Sedimente auf dem Vöring-Plateau. Ber. SFB 313 Univ. Kiel *14*, 1–131.

Hempel, P.; Bohrmann, G. (1990): Analyses of the carbonate-free sediment composition and aspects of silica diagenesis in sediments drilled during ODP Leg 115 in the western Indian Ocean (Sites 707, 709 and 711). In: Backmann, J.; Duncan, R. et al. (eds.): Proc. ODP, Sci. Results *115*, 677–698.

Henrich, R. (1989): Diagenetic environments of authigenic carbonates and opal-CT crystallization in the lower Miocene to Oligocene sediments of Site 643. In: Eldholm, O.; Thiede, J.; Taylor, E. et al. (eds.): Proc. ODP, Sci. Results *104*, 233–253.

Henrich, R. (1989): Glacial-interglacial cycles in the Norwegian Sea: sedimentology, paleoceanography and evolution of Late Pliocene to Quaternary northern hemisphere climate. In: Eldholm, O.; Thiede, J.; Taylor, E. et al. (eds.): Proc. ODP, Sci. Results *104*, 189–232.

Henrich, R.; Kassens, H.; Vogelsang, E.; Thiede, J. (1989): Sedimentary facies of glacial-interglacial cycles in the Norwegian Sea during the last 350 ka. Mar. Geol. *86*, 283–319.

Henrich, R.; Wolf, T.; Bohrmann, G.; Thiede, J. (1989): Cenozoic paleoclimatic and paleoceanographic changes in the northern hemisphere revealed by variability of coarse fraction composition in sediments from Voering Plateau – ODP Leg 104 Drill Sites. In: Eldholm, O.; Thiede, J.; Taylor, E. et al. (eds.): Proc. ODP, Sci. Results *104*, 75–188.

Henrich, R. (1990): Cycles, rhythms and events in Quaternary Arctic and Antarctic glaciomarine deposits (a review). In: Bleil, U.; Thiede, J. (eds.): Geological history of the Polar Oceans, 213–244. Nato ASI Ser. C. Kluwer Acad. Publ.

Herbin, J.P.; Montadert, L.; Müller, C.; Gomez, R.; Thurow, J.; Wiedmann, J. (1986): Organic-rich sedimentation at the Cenomanian-Turonian Boundary in oceanic and coastal basins in the North Atlantic and Tethys. In: Summerhayes, C.P.; Shackleton, N.J. (eds.): North Atlantic Palaeoceanography. Geol. Soc. London Spec. Publ. *21*, 389–422. Oxford (Blackwell).

Herzig, P.M.; Schöps, D.; Friedrich, G.H.; Scott, S.D. (1989): Quartz sulfide veins in the sheeted dike section of ODP Hole 504B: implications for fluid characteristics in the lower oceanic crust (abstr.). Intern. Geol. Congress *2*, 54 pp. Washington.

Hieke, W.; Glacon, G.; Hasegawa, S.; Müller, C.; Peypouquet, J.P. (1990): Sedimentation in the Marsili Basin during Quaternary (ODP Site 650, Tyrrhenian Sea). In: Kastens, K.; Mascle, J. et al. (eds.): Proc. ODP, Sci. Results *107*, 255–290.

Hinz, K. (1983): Assessment of the Hydrocarbon Potential of the Continental Margins. In: Bender, F. (ed.): New Paths of Mineral Exploration, 55–78. Stuttgart (E. Schweizerbart'sche Verlagsbuchhandlung).

Hinz, K.; Dostmann, H.J.; Hanisch, J. (1984): Structural elements of the Norwegian continental margin. Geol. Jb. A *75*, 193–211. Hannover.

Hinz, K.; Willcox, J.B.; Whiticar, M.; Kudrass, H.-R.; Exon, N.F.; Feary, D.A. (1986): The West Tasmanian Margin: An Underrated Petroleum Province? In: Glenie, R.C. (ed.): Second South-Eastern Australia Oil Exploration Symposium, Technical papers presented on PESA Symposium, 14–15 November 1985, 395–410, Melbourne.

Hinz, K. (1987): Geophysical studies on the structure and development of the Weddell Sea continental margin. In: Berichte zur Polarforschung 33, 23-24. Die Expedition Antarktis-IV mit FS „Polarstern" 1985/86, Bericht vom Fahrtabschnitt ANT-IV/3 (Presite Survey für ODP Leg 113).

Hinz, K. (1987): Previous marine seismic investigations. In: Berichte zur Polarforschung 33, 24-28. Die Expedition Antarktis-IV mit FS „Polarstern" 1985/86, Bericht vom Fahrtabschnitt ANT-IV/3 (Presite Survey für ODP Leg 113).

Hinz, K. (1987): Previous seismic stratigraphic interpretations. In: Berichte zur Polarforschung 33, 30-31. Die Expedition Antarktis-IV mit FS „Polarstern" 1985/86, Bericht vom Fahrtabschnitt ANT-IV/3 (Presite Survey für ODP Leg 113).

Hinz, K. (1987): A preliminary circum Antarctic seismic stratigraphic concept. In: Berichte zur Polarforschung 33, 31-34. Die Expedition Antarktis-IV mit FS „Polarstern" 1985/86, Bericht vom Fahrtabschnitt ANT-IV/3 (Presite Survey für ODP Leg 113).

Hinz, K. (1987) (mit Beiträgen von Dostmann, H.; Schröder, H.): Interpretation and discussion of seismic lines collected during ANT-IV/3. In: Berichte zur Polarforschung 33, 35-54. Die Expedition Antarktis-IV mit FS „Polarstern" 1985/86, Bericht vom Fahrtabschnitt ANT-IV/3 (Presite Survey für ODP Leg 113).

Hinz, K. (1987): Structure and geological development of the Weddell Sea continental margin from meridians zero to 50°W. In: Berichte zur Polarforschung 33, 54-57. Die Expedition Antarktis-IV mit FS „Polarstern" 1985/86, Bericht vom Fahrtabschnitt ANT-IV/3 (Presite Survey für ODP Leg 113).

Hinz, K.; Dostmann, H. (1987): ODP-drilling in the Weddell Sea. In: Berichte zur Polarforschung 33, 57. Die Expedition Antarktis-IV mit FS „Polarstern" 1985/86, Bericht vom Fahrtabschnitt ANT-IV/3 (Presite Survey für ODP Leg 113).

Hinz, K.; Kristoffersen, Y. (1987): Antarctic − recent advances in the understanding of the continental shelf. Geol. Jb. E 37, 3-54.

Hinz, K.; Mutter, J.C.; Zehnder, C.M. (1987): And the NGT Study Group (unter Beteiligung von Meyer, H.; Roeser, H.A.): Symmetric conjugation of continent-ocean boundary structures along the Norwegian and East Greenland Margins. Mar. and Petrol. Geol. 4, (3), 166-187.

Hinz, K.; Silver, E.; Breymann, M. (1988): Ocean Drilling Program Leg 124 Scientific Prospectus, Southeast Asia Basins. In: ODP, Scientific Prospectus 24, 1-46. College Station, Texas (Ocean Drilling Program).

Hinz, K.; Fritsch, J.; Kempter, E. H. K.; Manaf, A.; Meyer, J.; Mohamed, D.; Vosberg, H.; Weber, J.; Benavides, J. (1989): Thrust tectonics along the north-western continental margin of Sabah/Borneo. Geol. Rdsch. *78*/3, 705-730.

Huene, R. von; Suess, E.; Emeis, K.-C. et al. (darunter Martini, E.; Wefer, G.) (1987): Convergent tectonics and coastal upwellling: A history of the Peru continental margin. Episodes *10,* 87-93.

Huene, R. von; Suess, E. et al. (1987): Convergent tectonics and coastal upwelling. J. Geography *9* (6), 42-53.

Huene, R. von; Suess, E. et al. (darunter Emeis, K.; Martini, E.; Wefer, G.) (1988): Ocean Drilling Program Leg 112, Peru continental margin: Part 1, Tectonic history. Geology *16,* 934-938.

Huene, R. von; Fisher, M.; Bruns, T. (1988): Geology and evolution of the Kodiak margin, Gulf of Alaska. In: Scholl, A.; Grantz, A.; Vedder, J. G. (eds.): Geology and resource potential of the continental margin of western North America and adjacent ocean basins — Beaufort Sea to Baja California. Earth Sci. Ser. 6, 191-212. Circum-Pacific Council for Energy and Mineral Resources, Houston Texas.

Huene, R. von; Bourgois, J.; Miller, J.; Pantot, G. (1989): A large tsunamogenic landslide and debris flow along the Peru Trench. J. Geophys. Res. *94* B, 1703-1714.

Huene, R. von; Culotta, C. (1989): Tectonic erosion at the front of the Japan Trench convergent margin. Tectonophysics *160,* 15-90.

Huene, R. von (1989): Continental margins around the Gulf of Alaska. In: Winterer, E. L.; Hussong, D. M.; Decker, R. W. (eds.): The eastern Pacific Ocean and Hawaii. The geology of North Amcrica, decade of North American geology. Geol. Soc. Amer., 383-401. (Boulder Co.).

Huene, R. von (1989): The Middle American convergent plate boundary, Guatemala. In: Winterer, E. L.; Hussong, D. M.; Decker, R. W. (eds.): The eastern Pacific Ocean and Hawaii. The geology of North America, decade of North American geology. Geol. Soc. Amer., 535-550. (Boulder Co.).

Huene, R. von (1990): Structure of the Andean convergent margin and some implications for hydrocarbon resources. Earth Science Series *7,* 119-129.

Hüggenberg, H.; Füchtbauer, H. (1988): Clay minerals and their diagenesis in carbonate-rich sediments (Leg 101, Sites 626 and 627). In: Austin, J. A.; Schlager, W. et al. (eds.): Proc. ODP, Sci. Results *101,* 171-178. College Station, Texas (Ocean Drilling Program).

Hurley, M. T.; Hempel, P. (1990): Velocity gradient in carbonate sediments. In: Backmann, J.; Duncan, R. et al. (eds.): Proc. ODP, Sci. Results *115,* 773-780. College Station, Texas (Ocean Drilling Program).

Ingle, J.; Suyehiro, K. et al. (darunter Stein, R.) (1990): ODP in the Japan Sea. Geotimes *35*/4, 25-27.

Ishizuka, T.; Emeis, K.-C. (1991): Total free and dissolved amino acids in pore waters of Site 723, Oman margin – a data report. In: Prell, W. L.; Niitsuma, N.; Emeis, K. et al. (eds.): Proc. ODP, Sci. Results *117*. College Station, Texas (Ocean Drilling Program).

Jansen, E.; Bleil, U.; Henrich, R.; Kringstad, L.; Slettenmark, B. (1987): Climatic changes in the Norwegian Sea during the last 2.8 Ma. Polar Research *5* n.s., 329-332.

Jansen, E.; Bleil, U.; Henrich, R.; Kringstad, L.; Slettenmark, B. (1988): Paleoenvironmental changes in the Norwegian Sea and the northeast Atlantic during the last 2.8 ma.: ODP/DSDP Sites 610, 642, 643 and 644. Paleoceanography *3*/5, 563-581.

Jansen, E.; Slettenmark, B.; Bleil, U.; Henrich, R.; Kringstad, L.; Rolfsen, S. (1989): Oxygen and carbon isotope stratigraphy and magnetostratigraphy of the last 2.8 Ma: Paleoclimatic comparisons between the Norwegian Sea and the North Atlantic. In: Eldholm, O.; Thiede, J.; Taylor, E. et al. (eds.): Proc. ODP, Sci. Results *104*, 255-269.

Jansen, E.; Sjøholm, G.; Bleil, U.; Erichson, J. A. (1990): Neogene and Pleistocene glaciations in the northern hemisphere and Late Miocene-Pliocene global ice volume fluctuations: evidence from the Norwegian Sea. In: Bleil, U.; Thiede, J. (eds.): Geological History of the Polar Oceans: Arctic versus Antarctic, 677-706. Kluwer (Dordrecht).

Kaminski, M. A.; Stein, R.; Gradstein, F. M.; Berggren, W. A.; Shipboard Scientific party (1986): Flysch-type agglutinated foraminifera from ODP Leg 105, Baffin Bay and Labrador Sea. Proc. of the Second Workshop on Arenaceous Foraminifera, June 23-25, Vienna, Austria.

Kassens, H.; Wetzel, A. (1989): Das Alter des Himalaya. Die Geowissenschaften *7*, 15-20.

Kastens, K.; Mascle, J.; Emeis, K.-C.; Müller, C.; Hieke, W. (1986): La campagne 107 du Joides resolution (Ocean Drilling Program) en Mer Tyrrhénienne: premiers resultats. C. R. Acad. Sci. Paris *303*, sér. II, no. 5, 391-396.

Kastens, K.; Mascle, J. et al. (darunter Hieke, W.) (1987): Proc. ODP, Init. Repts. *107*. College Station, Texas (Ocean Drilling Program).

Kastens, K.; Mascle, J. et al. (darunter Hieke, W.) (1987): A case study of a newly rifted ocean basin: Preliminary results from ODP Leg 107 in the Tyrrhenian Sea (Mediterranean Sea). Geotimes *31*, 11-14.

Kastens, K.; Mascle, J. et al. (darunter Hieke, W.) (1987): ODP Leg 107 in the Tyrrhenian Sea: A microcosm of ocean basin evolution. Nature *321*, 383-384.

Kastner, M.; Suess, E.; Garrison, R. E.; Kvenvolden, K. (1987): Hydrology, geochemistry and diagenesis along the convergent margin off Peru. EOS *68* (44), 1487. (Abstract T42E-175).

Kastner, M.; Martin, J. B.; Suess, E.; Garrison, R.; Kvenvolden, K. (1988): Evidence for density- and tectonically-driven fluid migration in convergent margin sediments off Peru. EOS *69* (44), 1263.

Kastner, M.; Elderfield, H.; Martin, J. B.; Suess, E.; Kvenvolden, K. A.; Garrison, R. E. (1990): Diagenesis and interstitial water chemistry at the Peruvian continental margin — major constituents and strontium isotopes. In: Suess, E.; Huene, R. von et al. (eds.): Proc. ODP, Sci. Results *112*, 413–440.

Katz, B. J.; Emeis, K.-C. (1988): Hydrocarbon shows in scientific ocean drilling. Proc. OTC, Houston, 423–430.

Kohnen, M. E. L.; Sinninghe Damsté, J. S.; ten Haven, H. L.; de Leeuw, J. W. (1989): Early incorporation of polysulphides in sedimentary organic matter. Nature *341*, 640–641.

Kroenke, L.; Berger, W. et al. (darunter Stax, R.; Schmidt, H.) (1990): ODP returns to Ontong Java Plateau. Geotimes *35/9*, 15–17.

Kroenke, L.; Berger, W. et al. (darunter Stax, R.; Schmidt, H.) (1990): Reading the Ocean's diary. Nature *346,* 111–112.

Kudrass, H. R.; Müller, P.; Kreuzer, H.; Weiss, W. (1990): Volcanic rocks and Tertiary carbonates dredged from the Cagayan Ridge and the southwest Sulu Sea, Philippines. In: Silver, E.; Rangin, C. et al. (eds.): Proc. ODP, Init. Repts. *124*, 93–100. College Station, Texas (Ocean Drilling Program).

Kuhn, G.; Wissmann, G. (1987): Continuous 3.5 kHz sub-bottom Echo Sounding. In: Berichte zur Polarforschung *33*, 77–79. Die Expedition Antarktis-IV mit FS „Polarstern" 1985/86, Bericht vom Fahrtabschnitt ANT-IV/3 (Presite Survey für ODP Leg 113).

Kuhn, G.; Meischner, D. (1988): Quaternary and Pliocene turbidites in the Bahamas, ODP Leg 101, Sites 628, 632 and 635. In: Austin, J. A. Jr.; Schlager, W. et al. (eds.): Proc. ODP, Sci. Results *101*, 203–212. College Station, Texas (Ocean Drilling Program).

Kuhnt, W.; Herbin, J.-P.; Thurow, J.; Wiedmann, J. (1990): Cenomanian-Turonian organic facies in the western Mediterranean and along the adjacent Atlantic margin. AAPG Memoir.

Kulm, L. D.; Thornburg, T. M.; Suess, E. (1985): Basement framework, lithologies and tectonics of the truncated central Peru forearc. EOS *66* (46), 1096. (Abstract T51A-04).

Kulm, L. D.; Thornburg, T. M.; Suess, E.; Resig, J.; Fryer, P. (1988): Clastic, diagenetic, and metamorphic lithologies of a subsiding continental block:

Central Peru Forearc. In: Suess, E.; Huene, R. von et al. (eds.): Proc. ODP, Init. Repts. *112*, 91–107.

Lallier-Verges, E.; Bertrand, Ph.; Berner, U. (im Druck): Organic sedimentation in Celebes and Sulu Basins (ODP Leg 124): Diagenetic processes affecting kerogen. In: Silver, E.; Rangin, C. et al. (eds.): Proc. ODP, Sci. Results *124*. College Station, Texas (Ocean Drilling Program).

Leinen, M.; Sarnthein, M. (eds.) (1989): Paleoclimatology and Paleometerology. Proc. Nato ARW Arizona Nov. 1987.

Littke, R.; Fourtanier, E.; Thurow, J.; Taylor, E. (im Druck): Diagenesis of silica and its effects on lithification on Broken Ridge, Central Indian Ocean. In: Peirce, J.; Weissel, J. et al. (eds.): Proc. ODP, Sci. Results *121*.

Locker, S.; Martini, E. (1989): Cenozoic silicoflagellates, ebridians and actiniscidians from the Vöring Plateau (ODP Leg 104). In: Eldholm, O.; Thiede, J.; Taylor, E. et al. (eds.): Proc. ODP, Sci. Results *104*, 543–585.

Mackensen, A.; Spiegler, D. (1989): Bolboforma lamari, n. sp. (Chrysophyta, Algae): a new Eocene species from the southern Indian Ocean. In: Schlich, R.; Wise, W. S. et al. (eds.): Proc. ODP, Sci. Results *120*, 71–72. College Station, Texas (Ocean Drilling Program).

Mackensen, A. (im Druck): Neogene benthic foramifers from the southern Indian Ocean (Kerguelen Plateau): biostratigraphy and paleoecology. In: Schlich, R.; Wise, W. S. et al. (eds.): Proc. ODP, Sci. Results *120*. College Station, Texas (Ocean Drilling Program).

Mackensen, A.; Barrera, E.; Hubberten, H. W. (im Druck): Neogene circulation patterns in the southern Indian Ocean. Evidence from benthic foraminiferal assemblages, carbonate data and stable isotope analyses (Site 751). In: Schlich, R.; Wise, W. S. et al. (eds.): Proc. ODP, Sci. Results *120*. College Station, Texas (Ocean Drilling Program).

Mackensen, A.; Spiegler, D. (im Druck): Middle Eocene to early Pliocene Bolboforma (Algae) from the southern Indian Ocean, Kerguelen Plateau. In: Schlich, R.; Wise, W. S. et al. (eds.): Proc. ODP, Sci. Results *120*. College Station, Texas (Ocean Drilling Program).

Mackensen, A.; Berggren, W. A. (im Druck): Paleogene benthic foramifers from the southern Indian Ocean (Kerguelen Plateau): biostratigraphy and paleoecology. In: Schlich, R.; Wise, W. S. et al. (eds.): Proc. ODP, Sci. Results *120*. College Station, Texas (Ocean Drilling Program).

Martini, E.; Locker, S. (1990): Clusters of sponge spicules from Quaternary sediments at ODP Sites 685 and 688 off Peru. In: Suess, E.; Huene, R. von et al. (eds.): Proc. ODP, Sci. Results *112*, 175–180.

McCartney, K.; Wise, E. W.; Harwood, D. H.; Gersonde, R. (1990): Enigmatic lower Albian silicoflagellates from ODP Site 693: Progenitors of the order silicoflagellata? In: Barker, P.; Kennett, J. et al. (eds.): Proc. ODP, Sci. Results *113*, 427–442.

Meyer, H. (1987): Seismic processing aboard RV „Polarstern". In: Berichte zur Polarforschung *33*, 28–29. Die Expedition Antarktis-IV mit FS „Polarstern" 1985/86, Bericht vom Fahrtabschnitt ANT-IV/3 (Presite Survey für ODP Leg 113).

Michaelis, W.; Mycke, B.; Richnow, H.-H. (1986): Organic chemical indicators for reconstruction of Angola Basin sedimentation processes. In: Degens, E. T.; Meyers, P. A.; Brassel, S. C. (eds.): Biogeochemistry of Black Shales. Mitt. Geol.-Paläont. Inst. Univ. Hamburg, SCOPE/UNEP Sonderband *60*, 99–113.

Mienert, J.; Stein, R.; Schultheiss, P.; Shipboard Scientific Party (1988): Relationship between grain density and biogenic opal in sediments from Sites 658 and 660. In: Ruddiman, W.; Sarnthein, M. et al. (eds.): Proc. ODP, Init. Repts. *108*, 1047–1053.

Mienert, J.; Bloemendal, J. (1989): A comparison of acoustic and rock magnetic properties of equatorial Atlantic deep-sea sediments: paleoceanographic implications. Earth Planetary Sci. Lett. *94*, 291–300.

Mienert, J.; Schultheiss, P. (1989): Physical properties of sedimentary environments in oceanic high (Site 658) and oceanic low (Site 659) productivity zones. In: Ruddiman, W. B.; Sarnthein, M. et al. (eds.): Proc. ODP, Sci. Results *108*, 397–406.

Mienert, J.; Nobes, D. C. (1990): Physical properties of sediments beneath upwelling regions of the subantarctic South Atlantic (Hole 704A). In: Ciesielski, P. F.; Kristoffersen, Y. et al. (eds.): Proc. ODP, Init. Repts. *114*.

Morche, W.; Hubberten, H.-W.; Ehrmann, W. U.; Keller, J. (im Druck): Geochemical ash layers from Kerguelen Plateau (Leg 119). In: Barron, J.; Larsen, B. et al. (eds.): Proc. ODP, Sci. Results *119*. College Station, Texas (Ocean Drilling Program).

Morche, W.; Hubberten, H.-W.; Mackensen, A.; Keller, J. (im Druck): Geochemistry of Cenozoic ash layers from the Kerguelen Plateau (Leg 120): a first step towards a tephrostratigraphy of the southern Indian Ocean. In: Schlich, R.; Wise, W. S. et al. (eds.): Proc. ODP, Sci. Results *120*. College Station, Texas (Ocean Drilling Program).

Morse, J. W.; Emeis, K.-C. (im Druck): Organic carbon, sulfur, and iron relationships in organic-carbon-rich marine upwelling sediments. Am. J. Sci.

Morse, J. W.; Emeis, K.-C. (eingereicht): Carbon/sulfur/iron relationships in upwelling sediments. In: Summerhayes, C. P.; Prell, W. P.; Emeis, K.-C. (eds.): Evolution of upwelling systems since the Miocene. London (Blackwells).

Moullade, M.; Applegate, J.; Bergen, J.A.; Thurow, J. et al. (1988): Ocean Drilling Program Leg 103 biostratigraphic synthesis. In: Boillot, G.; Winterer, E.L. et al. (eds.): Proc. ODP, Sci. Results *103*, 685–696. College Station, Texas (Ocean Drilling Program).

Moullade, M.; Kuhnt, W.; Thurow, J. (1988): Agglutinated benthic foraminifers from the Upper Cretaceous variegated clays of the North Atlantic Ocean (DSDP Leg 93 and ODP Leg 103). In: Boillot, G.; Winterer, E.L. et al. (eds.): Proc. ODP, Sci. Results *103*, 349–378. College Station, Texas (Ocean Drilling Program).

Moullade, M.; Loreau, J.P.; Thurow, J.; Cros, P.; Cousin, M. (1988): Microfacies of Upper Jurassic limestones, ODP Site 639. In: Boillot, G.; Winterer, E.L. et al. (eds.): Proc. ODP, Sci. Results *103*, 59–88. College Station, Texas (Ocean Drilling Program).

Nielsen, O.B.; Cremer, M.; Stein, R.; Thiebault, F.; Zimmermann, H. (1989): Analysis of sedimentary facies, clay mineralogy and geochemistry of the Paleogene sediments of Site 647, Labrador Sea. In: Arthur, M.; Srivastava, S. et al. (eds.): Proc. ODP, Sci. Results *105*, 101–110.

Nobes, D.C.; Mienert, J. (1988): Is the paleoclimatic record random? Abstract EOS *69*, Nr. 44, 1244.

Nobes, D.C.; Mienert, J. (1990): Lithologic control of physical property interrelationships. In: Ciesielski, P.; Kristoffersen, Y. et al. (eds.): Proc. ODP, Sci. Results *114*.

Nobes, D.C.; Mwenifumbo, D.C.; Mienert, J.; Blangy, J.P. (1990): The problem of porosity rebound in deep-sea sediment cores: a comparison at laboratory and in-situ physical property measurements. In: Ciesielski, P.; Kristoffersen, Y. et al. (eds.): Proc. ODP, Sci. Results *114*.

Nobes, D.C.; Bloomer, S.F.; Mienert, J.; Westall, F. (1990): Milankovitch cycles in the Quaternary record in the Atlantic sector of the southern Oceans. In: Ciesielski, P.; Kristoffersen, Y. et al. (eds.): Proc. ODP, Sci. Results *114*.

Oberhänsli, H.; Heinze, P.; Diester-Haass, L.; Wefer, G. (1990): Upwelling off Peru during the last 430000 years and its relationship to the bottom water environment as deduced from coarse grain size distributions and analysis of benthic foraminifers at Sites 679D, 680B and 681B (ODP Leg 112). In: Suess, E.; Huene, R. von et al. (eds.): Proc. ODP *112*, 369–390. College Station, Texas (Ocean Drilling Program).

Oberhänsli, H. (1991): Upwelling signals at the northeastern Walvis Ridge. Paleoceanography.

Oberhänsli, H.; Müller-Merz, E.; Oberhänsli, R. (1991): Eocene paleoceanographic evolution at 20°–30°S in the Atlantic Ocean. Paleogeogr., Paleoclimatol., Paleoecol. *83*.

Peirce, J.; Weissel, J. et al. (darunter Dehn, J.; Littke, R.) (1988): A tale of two ridges. Nature *335*, 593–594.

Peirce, J.; Weissel, J. et al. (darunter Dehn, J.; Littke, R.) (1988): Leg 121 traces rifting and hot spots. Geotimes *33*, 9–11.

Petersen, N.; Dobeneck, T. von; Vali, H. (1986): Fossil bacterial magnetite in deep-sea sediments from the South Atlantic Ocean. Nature *320*, 611–615.

Petersen, N.; Vali, H. (1987): Observation of shrinkage cracks in ocean floor titanomagnetites. Phys. Earth Planet. Int. *46*, 197–205.

Petersen, N.; Schembera, N.; Schmidbauer, E.; Vali, H. (1987): Magnetization, Mössbauer spectroscopy and structural studies of a ferrimagnetic Fe-oxide formed by heating nontronite in air. Phys. Chem. Minerals *14*, 118–121.

Petersen, N.; Vali, H. (1990): Titanomagnetite oxidation state and age of basalts from ODP Site 648B. In: Detrick, R.; Honnorez, J. et al. (eds.): Proc. ODP, Sci. Results *106/109*. College Station, Texas (Ocean Drilling Program).

Prell, W. L.; Niitsuma, N. et al. (darunter Emeis, K.; Ricken, W. et al.) (1988): Milankovitch and monsoons. Nature *331*, 663–664.

Prell, W. L.; Niitsuma, N. et al. (darunter Emeis, K.; ten Haven, H. L.; Ricken, W.) (1988): Leg 117 finds mountains, monsoons. Geotimes *33* (3), 13–16.

Prell, W. L.; Niitsuma, N. et al. (darunter Emeis, K.; Ricken, W.; ten Haven, H. L.) (1989): Tectonique et sédimentation néogène sur la marge d'Oman. Résultats préliminaires du Leg 117 ODP. C. R. Acad. Sci. Paris *3087*, sér. II, 663–669.

Prell, W. L.; Niitsuma, N. et al. (darunter Emeis, K.; Ricken, W.; ten Haven, H. L.) (1989): Proc. ODP, Init. Repts. *117*, 1236 pp. College Station, Texas (Ocean Drilling Program).

Prell, W. L.; Niitsuma, N.; Emeis, K.-C.; Meyers, P. A. (1991): Proc. ODP, Sci. Results *117*. College Station, Texas (Ocean Drilling Program).

Qvale, G.; Spiegler, D. (1989): The stratigraphic significance of Bolboforma Algae (Chrysophyta) in Leg 104. Samples from the Voering Plateau. In: Eldholm, O.; Thiede, J.; Taylor, E. et al. (eds.): Proc. ODP, Sci. Results *104*, 487–495.

Rad, U. von; Thurow, J.; ODP Leg 122 Scientific Party and Lost Ocean Expedition Mitglieder (1989): Vom Tethys-Meer zum Indischen Ozean. Die Geowissenschaften *7* (Nr. 9), 249–257.

Rad, U. von; Thurow, J.; Haq, B. U.; Gradstein, F.; Ludden, J.; ODP Leg 122/123 Shipboard Scientific parties (1989): Triassic to Cenozoic evolution of the NW Australian continental margin and the birth of the Indian Ocean (preliminary results of ODP Legs 122 and 123). Geol. Rdsch. *78* (3), 1189–1210.

Rad, U. von; Haq, B. U. et al. (darunter Brenner, W.) (1989): Ocean drilling program-breakup of Gondwanaland. Nature *337*, 209–210.

Rad, U. von; Haq, B. U. et al. (darunter Brenner, W.) (1989): Off North-West Australia-ODP Leg 122 looks at Exmouth Plateau. Geotimes *33*, 10–13.

Rad, U. von; Thurow, J.; ODP Leg 122 and 123 Scientific Parties (1989): Triassic to Cenozoic evolution of the NW Australian continental margin and the birth of the Indian Ocean (preliminary results of ODP Legs 123 and 123). Geol. Rdsch. *78* (3), 1189–1210. Stuttgart.

Rad, U. von; Schott, M.; Exon, N. F.; Mutterlose, J.; Quilty, P. G.; Thurow, J. (1990): Mesozoic sedimentary and volcanic rocks dredged from the northern Exmouth Plateau: petrography and microfacies. BMR (Bur. Min. Res.) J. Austral. Geol. Geophys. *11* (4), 449–472.

Rad, U. von; Thurow, J. (im Druck): Bentonitic clays as indicators of early Neocomian post-breakup volcanism off NW Australia. In: Rad, U. von; Haq, B. U. et al. (eds.): Proc. ODP, Sci. Results *122*. College Station, Texas (Ocean Drilling Program).

Rad, U. von; Thurow, J. (im Druck): Lower Cretaceous „Bentonites": Sedimentpetrography, correlation and evidence for the timing of the tectonic history of the Argo Abyssal Plain and adjacent areas. In: Gradstein, F.; Ludden, J. et al. (eds.): Proc. ODP, Sci. Results *123*.

Rad, U. von; Exon, N. F.; Haq, B. U. (im Druck): Rift to drift history of Wombat Plateau, NW Australia, Triassic to Tertiary ODP Leg 122 results.

Röhl, U.; Dumont, T.; Rad, U. von; Martini, R.; Zaninetti, L. (im Druck): Upper Triassic Carbonates off Northwest Australia (ODP Leg 122). Facies, 25, Erlangen.

Röhl, U.; Rad, U. von; Wirsing, G. (im Druck): Microfacies, paleoenvironment and facies-dependent carbonate diagenesis in Upper Triassic platform carbonates off NW Australia. In: Rad, U. von; Haq, B. et al. (eds.): Proc. ODP, Sci. Results *122*. College Station, Texas (Ocean Drilling Program).

Roeser, H. A.; Gebhardt, V.; Weigel, W.; Hinz, K. (1986): The transmission from rifting to seafloor spreading: magnetic slope off Morocco. Expl. Geophys. *17* (1), 43–44.

Roeser, H. A. (1987): Magnetics and Gravimetry, Data Acquisition and Data Processing. In: Berichte zur Polarforschung *33*, 60–64. Die Expedition Antarktis-IV mit FS „Polarstern" 1985/86, Bericht vom Fahrtabschnitt ANT-IV/3 (Presite Survey für ODP Leg 113).

Roeser, H. A.; Spiess, V. (1987): Geomagnetic investigations and interpretation. In: Berichte zur Polarforschung *33*, 64–66. Die Expedition Antarktis-IV mit FS „Polarstern" 1985/86, Bericht vom Fahrtabschnitt ANT-IV/3 (Presite Survey für ODP Leg 113).

Rothe, P. (1989): Mineral composition of sedimentary formations in the North Atlantic Ocean. Geol. Rdsch. *78/3,* 903–942. Stuttgart.

Ruddiman, W.; Sarnthein, M. et al. (darunter Mienert, J.; Stein, R.) (1986): Paleoclimate studied in the east Atlantic. Geotimes *31,* 21–25.

Ruddiman, W.; Sarnthein, M. et al. (darunter Mienert, J.; Stein, R.) (1986): Paleoclimatic linkage between high and low latitudes. Nature *322,* 211–212.

Ruddiman, W.; Sarnthein, M. et al. (darunter Mienert, J.; Stein, R.) (1988): Proc. ODP, Init. Repts. *108,* 1073 pp.

Ruddiman, W. F.; Sarnthein, M. et al. (1989): Late Miocene to Pleistocene evolution of climate in Africa and the equatorial Atlantic: Overview of Leg 108 results. In: Ruddiman, W.; Sarnthein, M. et al. (eds.): Proc. ODP, Sci. Results *108,* 463–484.

Ruddiman, W. F.; Sarnthein, M. et al. (darunter Mienert, J.; Stein, R.) (eds.) (1990): Proc. ODP, Sci. Results *108.*

Ruellan, E.; Auzende, J.-M.; Dostmann, H. (1985): Structure and evolution of the Mazagan (El Jadida) plateau and escarpment off central Morocco. In: Océanol. Acta, Rev. Eur. d'Océanol., Vol. spec. No. *5,* 59–72.

Sarnthein, M.; Fenner, J. (1988): Global wind induced change of deep-sea sediment budgets, new ocean production and CO_2-reservoirs ca. 3.3–2.35 Ma B. P. Philosophical Transactions of the Royal Society, Series B, *318,* 487–504.

Sarnthein, M.; Tiedemann, R. (1989): Towards a high-resolution stable isotope stratigraphy of the last 3.4 Mio. years, ODP Sites 658 and 659 off northwest Africa. In: Ruddiman, W.; Sarnthein, M. et al. (eds.): Proc. ODP, Sci. Results *108,* 167–185.

Schaefer, R. G.; Littke, R.; Leythäuser, D. (im Druck): C_2–C_4 Hydrocarbon Traces in Sediments of ODP Site 752, 754, 755 (Broken Ridge), 757 and 758 (Ninety-East Ridge), Central Indian Ocean. In: Peirce, J.; Weissel, J. et al. (eds.): Proc. ODP, Sci. Results *121.* College Station, Texas (Ocean Drilling Program).

Schaefer, R.; Spiegler, D. (1986): Neogene Kälteeinbrüche und Vereisungsphasen im Nordatlantik. Z. Dtsch. Geol. Ges. *137/2,* 537–552.

Schlager, W.; Austin, J. A. Jr. et al. (darunter Kuhn, G.) (1985): Rise and fall of carbonate platforms in the Bahamas. Nature *315,* 632–633.

Schlee, J. S.; Fritsch, J. (1983): Seismic Stratigraphy of the Georges Bank Basin Complex, Offshore New England. In: Watkins, J. S.; Drake, C. L. (eds.): Studies in continental margin geology, AAPG Memoir *34,* 223–251. Published by the Amer. Assoc. of Petrol. Geol., Tulsa, Oklahoma.

Schlee, J. S.; Poag, C. W.; Hinz, K. (1985): Seismic stratigraphy of the continental slope and rise seaward of Georges Bank. In: Poag, C. W. (ed.): Geological Evolution of the United States Atlantic Margin, 265–292. New York (van Nostrad Reinhold Company).

Schlee, J. S.; Hinz, K. (1987): Seismic stratigraphy and facies of continental slope and rise seaward of Baltimore Canyon trough. Amer. Assoc. Petrol. Geol. Bull. *71*, 9, 1046–1067.

Schneider, R.; Wefer, G. (1989): Shell horizons in Cenozoic upwelling-facies sediments off Peru: Distribution and mollusk fauna in cores from ODP Leg 112 drill sites. In: Suess, E.; Huene, R. von et al. (eds.): Proc. ODP, Sci. Results *112*, 335–354. College Station, Texas (Ocean Drilling Program).

Schöps, D.; Herzig, P. M.; Friedrich, G.; Leg 111 Shipboard Scientific Party (1987): Sulfidmineralogie im Sheeted Dike Komplex der Bohrung 504B, Leg 111, ODP (abstr.) *139*. Hauptversammlung der Dtsch. Geol. Ges., Hannover.

Schöps, D.; Herzig, P. M.; Shipboard Scientific Party (1988): Basement alteration in the Leg 111 dike section of ODP Hole 504B (abstr.), Troodos '87, Ophiolites and Oceanic Lithosphere, Zypern.

Schöps, D.; Herzig, P. M.; Leg 111 Shipboard Scientific Party (1988): Mineralogy and chemical composition of sulfides from the Leg 111 dike section of ODP Hole 504B, Costa Rica Rift (abstr.). GAC/MAC/CSPG Joint Annual Meeting, St. John's/Canada, A109.

Schöps, D.; Herzig, P. M. (1990): Sulfide composition and microthermometry of fluid inclusions in the Leg 111 sheeted dike section of ODP Hole 504B, Costa Rica Rift. J. Geophys. Res. *95* (B6), 8405–8416.

Schultheiss, P.; Mienert, J. et al. (1988): Whole core p-wave velocity logs and gamma ray attenuation logs from ODP Leg 108 (Sites 657–668). In: Ruddiman, W. B.; Sarnthein, M. et al. (eds.): Proc. ODP, Init. Repts. *108*, 115–146.

Seifert, R.; Emeis, K.-C.; Spitzy, A.; Strahlendorff, K.; Michaelis, W.; Degens, E. T. (1989): Geochemistry of labile organic matter in sediments and interstitial waters recovered from Sites 651 and 653, Leg 1097 ODP in the Tyrrhenian Sea. In: Kastens, K. A.; Mascle, J. et al. (eds.): Proc. ODP, Sci. Results *107, 591*–602. College Station, Texas (Ocean Drilling Program).

Seifert, R.; Michaelis, W. (1989): Subm. Organic compounds in sediments and pore waters of Sites 723 and 724, Leg 117 ODP. In: Prell, W.; Niitsuma, N. et al. (eds.): Proc. ODP, Sci. Results *117*. College Station, Texas (Ocean Drilling Program).

Seifert, R.; Emeis, K.-C.; Michaelis, W.; Degens, E. T. (1990): Amino acids and carbohydrates in sediments and interstitial waters from Site 681, ODP Leg 112, Peru continental margin. In: Suess, E.; Huene, R. von et al. (eds.): Proc. ODP, Sci. Results *122*, 555–566. College Station, Texas (Ocean Drilling Program).

Shipboard Scientific Party (unter Beteiligung von Kopietz, J.) (1988): Site 395 (Temperature measurements, Magnetometer Leg), Site 648, 669 and 670

(Thermal Conductivity). In: Bryan, W. B.; Juteau, T. et al. (eds.): Proc. ODP, Init. Repts. *106/109,* 35–134 and 163–237.

Sibuet, J.-C.; Hay, W. W.; Prunier, A.; Montadert, L.; Hinz, K.; Fritsch, J. (1984): Evolution of the South Atlantic Ocean: Role of the Rifting Episode. 469–481.

Spiegler, D. (1987): Encapsulated Bolboforma Algae (Chrysophyta) from Late Miocene deposits in the North Atlantic. Meded. Werkgr. Tert. Kwart. Geol. *24,* 157–166.

Spiegler, D. (1989): Ice-rafted Cretaceous and Tertiary fossils in Pleistocene-Pliocene sediments, ODP Leg 104, Norwegian Sea. In: Eldholm, O.; Thiede, J.; Taylor, E. et al. (eds.): Proc. ODP, Sci. Results *104,* 739–744.

Spiegler, D.; Jansen, E. (1989): Planktonic foraminifer biostratigraphy of Norwegian Sea sediments: ODP Leg 104. In: Eldholm, O.; Thiede, J.; Taylor, E. et al. (eds.): Proc. ODP, Sci. Results *104,* 681–696.

Spiegler, D. (im Druck): The occurrence of Bolboforma (Algae, Chrysophyta) in the Subantarctic (Atlantic) Paleogene of ODP Leg 114. In: Ciesielski, P. F.; Kristoffersen, Y. et al. (eds.): Proc. ODP, Sci. Results *114.*

Spieß, V. (1990): Cenozoic Magnetostratigraphy of ODP Leg 113 drill sites, Maud Rise, Weddell Sea, Antarctica. In: Barker, P.; Kennett, J. et al. (eds.): Proc. ODP, Sci. Results *113,* 261–318.

Stabell, B. (1988): Initial diatom record of ODP Sites 657 and 658; on the history of upwelling and continental aridity. In: Ruddiman, W.; Sarnthein, M. et al. (eds.): Proc. ODP *108,* 19 ms-pp.

Stabell, B. (1988): Deflation and humidity during the last 700 ka in NW Africa from the marine record. In: Leinen, M.; Sarnthein, M. (eds.): Paleoclimatology and Paleometeorology. Modern and Past Patterns of Global Atmospheric Transport. Proc. Nato Advanced Res. Workshop, Arizona. 5 ms-pp.

Stax, R.; Stein, R. (1988): Sedimentologische Untersuchungen an quartären und tertiären Sedimenten von ODP Site 647, Labrador See; Erste Ergebnisse. Bochumer Geol. Geotechn. Arb. *29,* 203–206.

Stein, R.; Littke, R. (1987): Änderungen von Paläoproduktion und Paläoklima im Nordatlantik: Rekonstruktionen nach Untersuchungen an C_{org}-reichen Sedimenten von ODP Legs 105 und 108. Heidelb. Geow. Abh. *8,* 234–235.

Stein, R.; Littke, R.; Müller, P. (1987): Neogene changes of paleoproductivity and paleoclimate in Baffin Bay: Implications from organic-carbon-rich sediments at ODP Site 645. Terra Cognita *7,* 248.

Stein, R. (1988): Accumulation of organic-carbon-rich sediments in a narrow intracontinental basin (Baffin Bay, NW-Atlantic) and in an open-marine upwelling area (NE-Atlantic, off NW-Africa) – A comparison. Terra Cognita *8,* 25.

Stein, R. (1988): Ablagerungsbedingungen kohlenstoffreicher Sedimente in der Baffin Bay (NW-Atlantik) und im Auftriebsgebiet vor Nordwest-Afrika (NE-Atlantik). Bochumer Geol. Geotechn. Arb. 29, 207–211.

Stein, R. (1988): Neogene organic-carbon-rich sediments in Baffin Bay (ODP-Site 645) and in the coastal upwelling area off NW-Africa (ODP-Site 658). Geol. Soc. Canada, St. John's Meeting May 1988 (Abstr.).

Stein, R.; Rullkötter, J.; Littke, R.; Schäfer, R. G.; Welte, D. H. (1988): Organofacies reconstruction and lipid geochemistry of sediments from the Galicia margin, northeast Atlantic (ODP Leg 103). In: Boillot, G.; Winterer, E. L. et al. (eds.): Proc. ODP, Sci. Results 103, 567–585. College Station, Texas (Ocean Drilling Program).

Stein, R. (1989): Organic carbon content and sedimentation rate – a paleoenvironment indicator for marine sediments. Geo-Mar. Lett. 10, 37–44.

Stein, R. (1989): Ablagerungsbedingungen C_{org}-reicher Sedimente: Ergebnisse aus Untersuchungen an DSDP/ODP-Kernmaterial. Geol. Mitt. Innsbruck 16, 118–121.

Stein, R. (1989): C_{org}-Gehalt und Sedimentationsrate – Ein „Paläoenvironment-Indikator" in marinen Sedimenten. Geol. Mitt. Innsbruck 16, 197–198.

Stein, R.; Littke, R. (1989): Organic-Carbon-rich sediments and paleoenvironment: Results from Baffin Bay (ODP Leg 105) and the upwelling area off Northwest Africa (ODP Leg 108). In: Huc, A. (ed.): Deposition of organic facies, AAPG Studies in Geology 30 (im Druck).

Stein, R.; Faugeres, J.-C. (1989): Sedimentological and geochemical characteristics of the late Cretaceous and early Tertiary sediments at Site 661, Kane Gap, Eastern Equatorial Atlantic. In: Ruddiman, W.; Sarnthein, M. et al. (eds.): Proc. ODP, Sci. Results 108, 297–310.

Stein, R.; Littke, R. (1989): Änderungen von Paläoproduktivität und Paläoklima im Nordatlantik: Rekonstruktionen nach Untersuchungen an C_{org}-reichen Sedimenten von ODP Legs 105 und 108. Heidelb. Geow. Abh. 8, 236–237.

Stein, R.; Littke, R.; Stax, R.; Welte, D. H. (1989): Quantity, provenance, and maturity of organic matter at ODP-Sites 645, 646 and 647: Implications for reconstruction of paleoenvironments in Baffin Bay and Labrador Sea during Cenozoic times. In: Arthur, M. A.; Srivastava, S. et al. (eds.): Proc. ODP, Sci. Results 105, 185–208.

Stein, R.; ten Haven, H. L.; Littke, R.; Rullkötter, J.; Welte, D. H. (1989): Accumulation of marine terrigenous organic carbon at upwelling-Site 658 and non-upwelling Sites 657 and 659: Implications for reconstruction of paleoenvironment in the Northeast Atlantic through late Cenozoic times. In: Ruddiman, W.; Sarnthein, M. et al. (eds.): Proc. ODP, Sci. Results 108, 361–386.

Stein, R.; Rullkötter, J.; Welte, D. (1989): Changes in paleoenvironments in the Atlantic Ocean during Cretaceous times: Results from black shale studies. Geol. Rdsch., DSDP-Sonderband *78*/3, 883–901. Stuttgart.

Stein, R. (1990): Organic carbon accumulation in Baffin Bay and paleoenvironment in high northern latitudes during the past 20 m.y. Geology (im Druck).

Stow, D.A.V.; Cochran, J.R. et al. (darunter Kassens, H.; Wetzel, A.) (1988): The Bengal Fan: new results from ODP drilling. Geo-Mar. Lett. *9*, 1–10.

Stow, D.A.V.; Wetzel, A. (1990): Hemiturbidite: a new type of deep-water sediment. In: Cochran, J.R.; Stow, D.A.V. et al. (eds.): Proc. ODP, Sci. Results *116*, 25–34.

Suess, E.; Kulm, L.D.; Killingley, J.S. (1982): Mechanism of dolomitization of Peru convergent margin sediments: isotope and mineral record. EOS *63* (45), 1000. (Abstract 034B-10).

Suess, E.; Huene, R. von et al. (darunter Emeis, K.; Martini, E.; Wefer, G.) (1987): Leg 112 studies continental margin. Geotimes *32*, 10–12.

Suess, E.; Huene, R. von et al. (1987): Histoire géologique de la marge continentale du Pérou. Déformations tectoniques liées à la convergence et upwellings cotiers: résultats de la Campagne du Leg 112. C.R. Acad. Sci. Paris *305*, sér. II, 961–967.

Suess, E.; Huene, R. von et al. (darunter Emeis, K.; Martini, E.; Wefer, G.) (1987): Plate convergence and coastal upwelling: geologic history of the Peru margin. Geotimes *32*, 10–12.

Suess, E. (1988): Role of fluid circulation in the crust and the prospects for future ocean drilling. EOS *69* (44), 1047.

Suess, E.; Huene, R. von et al. (darunter Emeis, K.; Martini, E.; Wefer, G.) (1988): Proc. ODP, Init. Repts. *112*. College Station, Texas (Occan Drilling Program).

Suess, E.; Huene, R. von et al. (darunter Emeis, K.; Martini, E.; Wefer, G.) (1988): Ocean Drilling Program Leg 112, Peru continental margin: Part 1, Sedimentary history and diagenesis in a coastal upwelling environment. Geology *16*, 939–943.

Suess, E.; Huene, R. von et al. (darunter Emeis, K.; Martini, E.; Wefer, G.) (1988): ODP Leg 112, Peru continental margin: Part 2, sedimentary history and diagenesis in a coastal upwelling environment. Geology *16*, 939–943.

Suess, E.; Huene, R. von et al. (1990): Proc. ODP, Sci. Results *112*. College Station, Texas (Ocean Drilling Program).

Taylor, E.; Eldholm, O.; Thiede, J. et al. (darunter Bleil, U.; Henrich, R.; Viereck, L.) (1986): Density and velocity analyses of dipping reflectors: ODP Leg 104, Norwegian Sea. Trans. Am. Geophys. Union *67*, 291.

Taylor, E.; Eldholm, O.; Thiede, J. et al. (darunter Bleil, U.; Henrich, R.; Viereck, L.) (1987): Evolution of the Norwegian Sea: synthesis of ODP Leg 104 drilling. Am. Assoc. Petrol. Geol. Bull. *71*, 620–621.

ten Haven, H. L.; Rullkötter, J. (1988): The diagenetic fate of taraxer-14-ene and oleanene isomers. Geochim. Cosmochim. Acta *52*, 2543–2548.

ten Haven, H. L.; Rullkötter, J. (1989): Oleanene, ursene and other terrigenous triterpenoid biological marker hydrocarbons in Baffin Bay sediments. In: Arthur, M. A.; Srivastava, S. P.; Clement, B. et al. (eds.): Proc. ODP, Sci. Results *105*, 232–242. College Station, Texas (Ocean Drilling Program).

ten Haven, H. L.; Rohmer, M.; Rullkötter, J.; Bisseret, P. (1989): Tetrahymanol, the most likely precursor of gammacerane, occurs ubiquitously in marine sediments. Geochim. Cosmochim. Acta *53*, 3073–3079.

ten Haven, H. L.; Rullkötter, J.; Stein, R. (1989): Preliminary analysis of extractable lipids in sediments from the eastern North Atlantic (ODP Leg 108): Comparison of Sites 658 (coastal upwelling) and 659 (no upwelling). In: Ruddiman, W.; Sarnthein, M. et al. (eds.): Proc. ODP, Sci. Results *108*, 351–360.

ten Haven, H. L.; Littke, R.; Rullkötter, J.; Stein, R.; Welte, D. H. (1989): Accumulation rates and composition of organic matter in late Cenozoic sediments underlying the active upwelling area off Peru. In: Suess, E.; Huene, R. von et al. (eds.): Proc. ODP, Sci. Results *112*, 591–606.

ten Haven, H. L.; Kroon, D. (1991): Late Pleistocene sea surface water temperature variations off Oman as revealed by the distribution of long-chain alkenones. In: Prell, W. L.; Niitsuma, N. et al. (eds.): Proc. ODP, Sci. Results *117*. College Station, Texas (Ocean Drilling Program).

ten Haven, H. L.; Rullkötter, J. (1991): Preliminary lipid analyses of sediments recovered during Leg 117. In: Prell, W. L.; Niitsuma, N. et al. (eds.): Proc. ODP, Sci. Results *117*. College Station, Texas (Ocean Drilling Program).

ten Haven, H. L.; Rullkötter, J.; Sinninghe Damsté, J. S.; de Leeuw, J. W. (im Druck): Distribution of organic sulfur compounds in Mesozoic and Cenozoic sediments from the Atlantic and Pacific Oceans and the Gulf of California. In: Orr, W. L.; White, C. M. (eds.): Geochemistry of Sulfur in Fossil Fuels. ACS. Symposium Ser.

Thiede, J.; Eldholm, O.; Taylor, E. et al. (darunter Bleil, U.; Henrich, R.; Viereck, L.) (1986): Cenozoic paleoenvironments of the subarctic Norwegian-Greenland Sea. Trans. Am. Geophys. Union *67*, 291.

Thiede, J. (1987): Late Cenozoic depositional environment of the eastern Arctic Basin. Polar Res. *5*, 323–324.

Thiede, J. (1987): The seas around Norway and their geological history. In: Varjo, U.; Tietze, W. (eds.): Norden − man and environment, 32–42.

Thiede, J.; Johnson, L.; Kristoffersen, Y.; Blasco, S.; Mayer, L. (1987): Deep-sea drilling in the ice-covered Arctic: scientific, environmental, technical and potential challenge – or the call for C.O.N.D. In: Wolfrum, R. (ed.): Antarctic Challenge III, 563–582.

Thiede, J.; Spielhagen, R.F.; Weinelt, M. (1988): Cenozoic northern hemisphere paleoclimate: an enigma of correlation of oceanic and continental stratigraphic sequences. Meyniana 40, 47–53.

Thiede, J.; Vorren, T. (1988): Why are marine polar paleoenvironments different from the rest of the global ocean? An introduction. Paleoceanography 3 (5), 517–518.

Thiede, J.; Eldholm, O.; Taylor, E. (1989): Variability of Cenozoic Norwegian Greenland Sea and Northern Hemisphere climate. In: Eldholm, O.; Thiede, J.; Taylor, E. et al. (eds.): Proc. ODP, Sci. Results 104, 1067–1118.

Thiede, J.; Clark, D.L.; Herman, Y. (1990): Late Mesozoic and Cenozoic paleoceanography of the northern Polar Oceans. In: Grantz, A.; Johnson, L.; Sweeney, J.F. (eds.): The Arctic Ocean. The geology of North America. Decade of North American Geology. Geol. Soc. Amer., vol. L, 427–458. (Boulder Co.).

Thiede, J.; Pfirman, S.; Johnson, G.L.; Mudie, P.J.; Mienert, J.; Vorren, T. (im Druck): Arctic deep-sea drilling: scientific and technical challenge of the next decade. In: Proc. of the Joint Oceanographic Assembly. Acapulco, Mexico, 1988, 25 pp.

Thierstein, H.R.; Asaro, F.; Ehrmann, W.U.; Huber, B.; Michel, H.; Sakai, H.; Schmitz, B. (im Druck): The Cretaceous-Tertiary boundary at Site 738, South Kerguelen Plateau. In: Barron, J.; Larsen, B. et al. (eds.): Proc. ODP, Sci. Results 119.

Thomas, E.; Barrera, E.; Hamilton, N.; Huber, B.T.; Kennett, J.P.; O'Connell, S.; Pospichal, J.J.; Spieß, V.; Stott, L.D.; Wei, W.; Wise, Sh.W. Jr. (1990): Upper Cretaceous-Paleogene Stratigraphy of Site 689 and 590, Maud Rise (Antarcita). In: Barker, P.; Kennett, J. et al. (eds.): Proc. ODP, Sci. Results 113, 901–914.

Thornburg, T.M.; Suess, E. (1990): Carbonate cementation of granular and fracture porosity: Implications for the Cenozoic hydrologic development of the Peru continental margin. In: Suess, E.; Huene, R. von et al. (eds.): Proc. ODP, Sci. Results 112, 95–110.

Thurow, J.; Kuhnt, W. (1987): Deep-water facies in the western Mediterranean Cretaceous – a marginal development of the Cretaceous North Atlantic. Abstract, 3rd International Cretaceous Symposium (Tübingen 26.8.–8.9.1987).

Thurow, J.; Gibling, M. (1987): Hydrocarbon potential, sedimentology and paleoenvironment of the M. Jurassic/L. Cretaceous Spiti Shales in Nepal and a comparison with coeval strata drilled at Leg 123 (Argo Abyssal Plain). Abstract, 103. AAPG Annual Meeting (San Antonio, April 23–26, 1989).

Thurow, J.; Gibling, M.; ,Lost Ocean Expedition', Shipboard Scientific Party Leg 123 (1987): Sedimentology, geochemistry, stratigraphy and paleoenvironment of the M. Jurassic/L. Cretaceous Spiti Shales (former North Indian Continental Shelf exposed now in the High Himalaya of Nepal) and a comparison with coeval strata in the deep Indian Ocean (Argo Abyssal Plain, Leg 123 ODP). Abstract, Modern and Ancient Continental Shelf Anoxia (London, May 17.–19.5.1989).

Thurow, J.; Gibling, M.; ,Lost Ocean Expedition', Shipboard Scientific Party (1987): Hydrocarbon potential, organic matter diagenesis, sedimentology, and paleoenvironment of Upper Jurassic dark shales, Northern Himalaya and Argo Abyssal Plain. 28th Int. Geol. Congress (Washington), Abstract *3/238.*

Thurow, J.; Kuhnt, W. (1987): Alboran Block: Cretaceous geodynamics as reflected in subsidence history, detrital components and deep-water sediments. Spec. Issue Ann. Geophys. *33.* (Eur. Geophys. Union, Annual Meeting, Barcelona 1989).

Thurow, J. (1988): Cretaceous radiolarians of the North Atlantic Ocean: ODP Leg 103 (Sites 638, 640 and 641) and DSDP Legs 93 (Site 603) and 47B (Site 398). In: Boillot, G.; Winterer, E. L. et al. (eds.): Proc. ODP, Sci. Results *103,* 379–418. College Station, Texas (Ocean Drilling Program).

Thurow, J. (1988): Diagenetic history of Cretaceous radiolarians, North Atlantic Ocean (ODP Leg 103 and DSDP Holes 398D and 603B). In: Boillot, G.; Winterer, E. L. et al. (eds.): Proc. ODP, Sci. Results *103,* 531–556. College Station, Texas (Ocean Drilling Program).

Thurow, J.; Moullade, M.; Brumsack, H.-J.; Masure, E.; Taugourdeau, J.; Dunham, K. (1988): The Cenomanian/Turonian Boundary Event (CTBE) at Hole 641A, ODP Leg 103 (compared with the CTBE interval at Site 398). In: Boillot, G.; Winterer, E. L. et al. (eds.): Proc. ODP, Sci. Results *103,* 587–634. College Station, Texas (Ocean Drilling Program).

Thurow, J. (im Druck): Mid-Cretaceous event-faunas (radiolarians) from the NW-Australian margin: stratigraphic and faunistic comparison with Tethyan and Atlantic occurrences. In: Gradstein, F.; Ludden, J. et al. (eds.): Proc. ODP, Sci. Results *123.*

Thurow, J.; Compton, J.; Heggie, D.; Plank, T. (im Druck): Chemical evolution and correlation of Mesozoic sedimentary sequences of the Argo Abyssal Plain. In: Gradstein, F.; Ludden, J. et al.: Proc. ODP, Sci. Results *123.*

Thurow, J.; Rad. U. von (im Druck): Bentonites as tracers of earliest Cretaceous post-breakup volcanism off NW-Australia (ODP Legs 122 and 123). In: Gradstein, F.; Ludden, J. et al. (eds.): Proc. ODP, Sci. Results *123*.

Tiedemann, R.; Sarnthein, M.; Stein, R. (1989): Climatic changes in the western Sahara: Aeolo-marine sediment record of the last 8 m.y. (ODP-Sites 657–661). In: Ruddiman, W.; Sarnthein, M. et al. (eds.): Proc. ODP, Sci. Results *108*, 241–278.

Uhlig, S.; Herzog, P.M.; Leg 111 Shipboard Scientific Party (1987): Geochemie und hydrothermale Alteration im Sheeted Dike Komplex des Costa Rica Rifts (Bohrung 504B, Leg 111, ODP) (abstr.). 139. Hauptversammlung der Dtsch. Geol. Ges., Hannover.

Vali, H.; Förster, O.; Amarantidis, G.; Petersen, N. (1987): Magnetotactic bacteria and their magnetofossils in sediments. Earth Planet. Sci. Lett. *86*, 389–400.

Vali, H.; Dobeneck, T. von; Amarantidis, G.; Förster, O.; Morteani, G.; Bachmann, L.; Petersen, N. (1989): Biogenic and lithogenic magnetic minerals in Atlantic and Pacific deep sea sediments and their paleomagnetic significance. Geol. Rdsch. *78/3*, 753–764. Stuttgart.

Vallier, T.; Scholl, D.; Fisher, M.; Bruns, M.; Huene, R. von; Stevenson, A. (1989): Geologic framework of the Aleutian structural arc. In: Plafker, G. (ed.): Alaska. The geology of North America. Decade of North American geology. Geol. Soc. Amer. (Boulder Co.).

Vollbrecht, R.; Kudrass, H.R. (1990): Geological results of a pre-site survey for ODP drill sites in the SE-Sulu Basin. In: Silver, E.; Rangin, C. et al. (eds.): Proc. ODP, Init. Repts. *124*, 105–112. College Station, Texas (Ocean Drilling Program).

Vuchev, V.; Hinz, K.; Winterer, E.L.; Baumgartner, P.O.; Bradshaw, M.J.; Channell, J.E.T.; Jaffrezo, M.; Jansa, L.F.; Leckie, R.M.; Moore, J.M.; Schaftenaar, C.; Steiger, T.H.; Wiegand, G.E. (1983): Potential Deep Sea Petroleum Source Beds Related to Coastal Upwelling. In: Thiede, J.; Suess, E. (eds.): Coastal Upwelling, Part B, 467–483. Plenum Publishing Corporation.

Wefer, G.; Heinze, P.; Suess, E. (1989): Stratigraphy and sedimentation rates from oxygen isotope composition, organic carbon content, and grain-size distribution at the Peru Upwelling Region: Holes 680B and 686B. In: Suess, E.; Huene, R. von et al. (eds.): Proc. ODP, Sci. Results *112*, 355–368. College Station, Texas (Ocean Drilling Program).

Westall, F.; Fenner, J.; the Leg 114 Shipboard Scientific Party (im Druck): Polar Front fluctuations and the Matuyama/Bruhnes paleoceanographic record in the SE-Atlantic Ocean. In: Proc. Nato workshop, Geol. history of the Polar Oceans, Arctic versus Antarctic, 761–782.

Wetzel, A. (1986): Sedimentphysikalische Eigenschaften als Indikatoren für Ablagerung, Diagenese und Verwitterung von Peliten. Habil. Arbeit, Univ. Tübingen, 116 S.

Wetzel, A. (1987): Auswirkungen des Wärmeflusses auf die Diagenese von Nannofossil-Schlämmen: Beispiele von den DSDP-Bohrungen 504 und 505. Nachrichten der Dtsch. Geol. Ges. *37*, 44–45.

Wetzel, A. (1989): The influence of heat flow on the cementation of nannofossil sediments: a quantitative approach by consolidation parameters in DSDP Sites 504 und 505. Terra Abstracts, 1–435.

Wetzel, A.; Williams, C.; Auroux, C.; Kassens, H.; Leger, G. (1990): Correlation between laboratory-determined physical property data and downhole measurements in outer Bengal Fan deposits. In: Cochran, J. R.; Stow, D. A. V. et al. (eds.): Proc. ODP, Sci. Results *116*, 369–376.

Wetzel, A.; Wijayananda, N. P. (1990): Biogenic sedimentary structures in outer Bengal Fan deposits during Ocean Drilling Program Leg 116. In: Cochran, J. R.; Stow, D. A. V. et al. (eds.): Proc. ODP, Sci. Results *116*, 15–24.

Wetzel, A. (1990): Consolidation characteristics and permeability of Bengal Fan sediments drilled during ODP Leg 116. In: Cochran, J. R.; Stow, D. A. V. et al. (eds.): Proc. ODP, Sci. Results *116*, 363–368.

Whelan, J. K.; Emeis, K.-C. (im Druck): Preservation of amino acids and carbohydrates in marine sediments. In: Volume in Honour of John Hunt. Whelan, J. K.; Farrington, J. (eds.): Palisades, N. Y. (Eldigio Press).

Whiticar, M. J.; Suess, E. (1990): Characterization of sorbed volatile hydrocarbons from Leg 112, Sites 679, 680/81, 684 and 686/87. In: Suess, E.; Huene, R. von et al. (eds.): Proc. ODP, Sci. Results *112*, 527–538.

Wiesner, M. G.; Wong, H. K.; Degens, E. T. (1989): Provenance and diagenesis of organic matter in Late Cretaceous and Tertiary sediments from the southern Black Sea margin. Geol. Rdsch. (ODP-Sonderband) *78*/3, 793–806.

Williamson, P. E.; Exon, N. F.; Haq, B. U.; Rad, U. von et al. (darunter Brenner, W.) (1989): A Northwest Shelf Triassic reef play: results from ODP Leg 122. APEA (Austral. Petroleum Explor. Assoc.) *29* (1), 328–344.

Wissmann, G.; Roeser, H. A. (1982): A magnetic and halokinetic structural pangaea fit of Northwest Africa and North America. Geol. Jb. E*23*, 43–61, Hannover.

Wissmann, G.; Schenke, H. W. (1987): Bathymetry of the Weddell Sea continental margin from 60° W to 10° E. In: Berichte zur Polarforschung *33*, 58–60. Die Expedition Antarktis-IV mit FS „Polarstern" 1985/86, Bericht vom Fahrtabschnitt ANT-IV/3 (Presite Survey für ODP Leg 113).

Wolf, T. C. W.; Bohrmann, G.; Henrich, R.; Spiegler, D.; Thiede, J. (1987): Zur paläo-ozeanographischen Entwicklung der Norwegischen See von Miozän bis heute. Ergebnisse von ODP Leg 104 (Vöring-Plateau). Nachr. Dtsch. Geol. Ges. *37*, 47.

Wolf, T. C. W.; Henrich, R.; Spiegler, D.; Thiede, J. (1989): Lithostratigraphy of Norwegian Sea. ODP Leg 104 drill sites during Glacial/Interglacial Time. Terra Abstrc. *1* (1), 29 (EUG V Strasbourg).

Wolf, T. C. W.; Bohrmann, G.; Henrich, R.; Thiede, J. (1989): Coarse fraction composition of ODP Leg 104 drill sites: Implication to paleoceanographic changes. 28th IGC, Washington 1989, Vol *3*, 378.

Wolf, T. C. W.; Thiede, J. (1989): Glacial events in Norwegian Sea sediments: lithostratigraphy of ODP Leg 104 drill sites. III ICP Cambridge (1989). Terra Abstrc. *1*, 29.

Wolf, T. C. W.; Thiede, J. (1989): History of sedimentation during the past 9.5 m.y. of ODP Leg 105, Site 646 (Labrador Sea). Nachr. Dtsch. Geol. Ges. *48*, 28.

Wolf, T. C. W.; Thiede, J. (1990): Indications of glacial events in the Arctic-North Atlantic-Domain: Coarse terrigenous sedimentation of ODP Legs 104 and 105 during the past 9.5 Ma − a comparison. 19. Nordiske Geologiske Vintermoete (Stavanger/Norway 1990). Geonytt *1*, 7.

Wolf, T. C. W.; Thiede, J. (1990): Ice rafting in the Labrador Sea and the Norwegian Sea since late Neogene? Climate of the Northern Latitudes: Past, Present and Future. Third Nordic Conference on Climate Change and Related Problems and 2th Arctic Workshop (Tromsö 1990). Abstrc. *1*, 32.

Wolf, T. C. W. (1990): Paläo-Ozeanographisch-Klimatische Entwicklung des nördlichen Nordatlantiks seit dem späten Neogen. (ODP Legs 105 und 104, DSDP Leg 81), Teil I und II. Dissertation Universität Kiel, 134 S., 188 S.

Wolf, T. C. W.; Thiede, J. (im Druck): History of terrigenous sedimentation during the past 10 m.y. in the North Atlantic (ODP Legs 104, 105, and DSDP Leg 81). Marine Geology.

Zachos, J. C.; Berggren, W. A.; Aubry, M. P.; Mackensen, A. (im Druck): Eocene-Oligocene climatic and abyssal circulation history of the southern Indian Ocean. In: Schlich, R.; Wise, W. S. et al. (eds.): Proc. ODP, Sci. Results *120*. College Station, Texas (Ocean Drilling Program).

„Executive Summary" des ODP-Langzeit-planungsdokuments für den Zeitraum 1989 bis 2002 (Mai 1990)*

This is the science plan for the future of the Ocean Drilling Program (ODP). It reflects the consensus of an international consortium of scientists concerned about the future of the largest and most visible ocean science research program. The plan discusses the Program's scientific objectives and accomplishments, technological developments, plans for the future and the stages for implementing these plans. It shows how scientific ocean drilling is critical not only to basic research in earth sciences but also to the oil and mining industries, which use the results of scientific ocean drilling to develop better exploration strategies.

Coring operations of ODP's forerunner, the Deep Sea Drilling Project (DSDP), produced supporting evidence critical to the 1960s plate tectonic revolution in the earth sciences. DSDP scientists used biostratigraphic dating of sediments that directly overlie the basaltic basement to show that the seafloor gets older away from midocean ridges. This "seafloor spreading" explained the observation that sediment cover thickens away from the ridge crest, which had puzzled marine scientists for many years. Deep drilling also proved that the oldest seafloor is only about 170 m.y., a fraction of the earth's age, supporting the theory that oceanic crust is "consumed" at subduction zones.

At first, DSDP was solely a U.S. venture. Over time, the Federal Republic of Germany, France, Japan, the United Kingdom and the Soviet Union joined the drilling program. The period of this joint effort was called the International Phase of Ocean Drilling (IPOD).

Plate tectonic theory was well established by the early 1980s, but many important elements of plate motions, oceanic crustal generation and coincident climatic change remained poorly understood. In 1981, scientists convened at an international conference in Texas to identify the scientific goals of further drilling and to establish drilling objectives for the next decade (Conference on

---

* Der komplette „Ocean Drilling Program-Long Range Plan" kann in einem „portfolio" angefordert werden bei
Jennifer Granger, Joint Oceanographic Institutions, Inc.
1755 Massachussetts Avenue, NW, Suite 800
Washington, DC 20036-2102, USA

Scientific Ocean Drilling, COSOD I). To meet these objectives and test the theories on which they were based, ODP was launched with several technical mandates, such as to drill deeper, drill in higher latitudes, drill into newly created crust at ocean ridge crests, and make physical and chemical measurements in the boreholes. ODP leased one of the most advanced drill ships in the world, the *Joides Resolution,* to be the platform for the enterprise. The scientists who met in Texas also strongly recommended that better geophysical surveying be completed well in advance of drilling, and stressed the importance of international cooperation in these endeavors.

Now five years old, ODP comprises the United States and six international partners: the Federal Republic of Germany, France, Japan, the United Kingdom, the Canada/Australia Consortium and the European Science Foundation Consortium for Ocean Drilling (Belgium, Denmark, Finland, Greece, Iceland, Italy, The Netherlands, Norway, Spain, Sweden, Switzerland and Turkey). The member nations provide ODP with an array of scientific, engineering and other technical resources and expertise, as well as the critical financial support to run one of the largest international earth science programs. Member nations also advance ODP's mission by funding geophysical surveys of potential drill sites and the drilling-related research projects of individual scientists.

Why drill?

A long-term program of scientific ocean drilling is essential to research in the earth sciences. The ODP facility — its drill ship, laboratories, core and data repositories, wireline logging center, and the publications that have resulted from the program — have been used by over a thousand scientists and engineers from all over the world. Ocean drilling is the only technique for:

- obtaining detailed records of the last few million years of earth's climatic history. These data are critical to scientists modeling future global climate change.
- directly sampling most of the oceanic crustal column. Cores, logs and downhole sensors provide ground-truth data to refine models in disciplines of earth sciences from seismology to paleoceanography.
- obtaining *in situ* data related to fluid circulation in ocean sediments and hard rock. These data are vital to scientists who study the geochemical and

thermal balance of the oceans and lithosphere, as well as those who develop strategies for issues ranging from waste disposal in the oceans to petroleum exploration.

- studying ore-forming processes that occur at depth. It is a surprising fact that drilling data are necessary to improve the predictive framework for mineral exploration on land.
- providing deep boreholes in oceanic crust so that instruments may be emplaced for long-term geophysical and geochemical experiments. Data from these experiments tie ODP to other geoscience programs, which will significantly enhance understanding of earth structure and composition.

Progress

Since its first operational leg in Januar 1985, ODP has contributed to our understanding of a number of geological processes of global significance. This document summarizes seven major contributions of ODP to studies of:

(1) evolution of global climate;
(2) fluids in accretionary complexes;
(3) exploration of the oceanic crust;
(4) hotspot evolution and true polar wander;
(5) plate divergence;
(6) drilling and coring technology; and
(7) downhole measurements.

Evolution of global climate

One ODP mandate is to drill in high latitudes, regions that play a major role in affecting both the short- and long-term evolution of global climate and the oceans. Climate change at high latitudes can both drive the global system and amplify change through complex feedback mechanisms. Oscillations in ice accumulation in polar regions effect changes in sea level.

ODP drilling in the Antarctic and Subantarctic (Legs 113, 114, 119, and 120) has provided much new evidence about the environmental evolution at high latitudes, including climate. The Antarctic as we know it today has undergone ra-

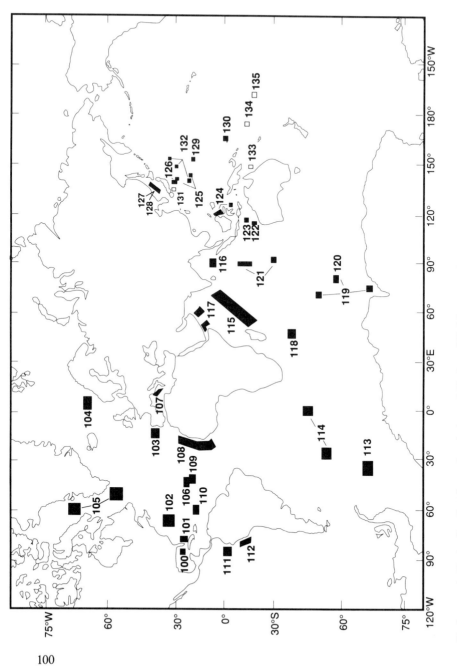

Dark areas indicate sites that have already been drilled: unfilled boxes are legs planned for future drilling.

dical changes in climate during the last several tens of millions of years. Numerous major steps were involved, some of which occured rapidly. ODP drilling has clearly defined the major steps, from the temperate, forested Antarctic continent in the Eocene, through initial glacial conditions in the early Oligocene, to the accumulation of major and, perhaps, permanent ice sheets in the Cenozoic. The drilling evidence supports ideas of the initial development of the East Antarctic ice sheet followed by later development of the ice sheet covering West Antarctica. Drilling during Legs 104 and 105 at high North Atlantic latitudes confirm the much younger (~ 2.5 million years old) initial development of the ice sheets that have periodically covered North America and Europe. These high-latitude drilling results are critical to our understanding of the history of global environmental evolution, the processes involved in this change, and our ability to predict future change.

ODP has also provided the first high-resolution records of tropical climates and circulation covering the last several million years in the Atlantic and Indian Oceans (Legs 108 and 117). The records provide direct evidence of the onset and evolution of monsoonal circulation, which plays a critical role in controlling climate over large areas of the tropics. These data assist modeling efforts to better understand the mechanisms controlling past climatic conditions and our ability to predict future global climate change.

Fluids in accretionary complexes

ODP drilling on Legs 110 und 112 on the Barbados and Peru margins, respectively, demonstrated for the first time that fluids move through and flow out of modern accretionary complexes. Accretionary complexes are formed where sediment is scraped off as the oceanic crust is consumed beneath the overriding margin. This newly discovered mode of fluid transport contributes to the geochemical fluxes within the lithosphere, hydrosphere and biosphere, which influences oceanic and atmospheric chemistry. Recent ODP drilling in convergent margin settings has also revealed the complexity of the thermal regimes and indicated the importance of advective heat flow, at least on a local scale. To date, the models of thermal maturation used in the oil industry rarely include consideration of advective heat transport; as a result, some prospective areas may have been unduly excluded from exploration.

Exploration of the oceanic crust

On Leg 106, ODP took a major step in a long-term investigation of oceanic spreading centers by successfully spudding a drill hole into "zero-age" crust in the rift valley of the Mid-Atlantic Ridge. Leg 118, along the Southwest Indian Ridge, used this same technology to obtain the first continuous section of lower oceanic crust. Shipboard analyses performed on Leg 118 show these lower oceanic crustal rocks to have an unusually high magnetization, which, if demonstrated to be of regional extent, has major implications for our understanding of how the earth's magnetic field is recorded in the oceanic crust.

On Legs 102 and 109 in the Atlantic Ocean and Leg 111 in the Pacific, scientists used an extensive suite of state-of-the-art logging tools and conducted borehole experiments by reentering the three deepest crustal holes drilled during DSDP. The data from these experiments indicate that the oceanic crust 100–200 meters below the seafloor ("Layer 2") has a uniformly low permeability, too low to permit hydrothermal circulation in the lower crust. These unexpected results are extremely important for modeling hydrothermal processes at midocean ridges and understanding the alteration history of the oceanic crust.

Hotspot evolution and true polar wander

New paleomagnetic data collected by ODP on Leg 115 in the Indian Ocean address the controversial hypothesis of "true polar wander", which states that the earth's spin axis changes through time with respect to the mantle reference frame, as represented by hotspots, perhaps in response to changes in its principal moments of inertia. These provocative, and as yet unpublished, results have fundamental implications for research ranging from dynamics of the mantle to plate tectonic reconstructions.

Plate divergence

DSDP drilling helped confirm that seafloor is created at midocean ridges, but left unexplained how and why continents fragment. ODP Legs 119–123 in the Indian Ocean explored why the lithosphere extends; Legs 103–104 in the Atlantic looked at how continents fragment. Indian Ocean drilling showed that in some regions the lithosphere may extend because of far-field stresses, rather than local stress caused by mantle convection processes. This surprising result displaced an earlier hypothesis that lithospheric bulging associated with mantle upwelling *always* occurs prior to continental breakup. Indeed, the sediments drilled during Leg 121 revealed no shoaling of Broken Ridge, a rifted fragment of an oceanic platform (Kerguelen Plateau ist the conjugate rifted platform) which would indicate mantle convection.

ODP drilling on Legs 103 (Galicia margin off the Iberian Peninsula) and 104 (Voering Plateau off Norway) resolved an outstanding controversy regarding the evolution of rifted continental margins. Of the two prior rifting hypotheses, one held that during early rifting of the continent prior to seafloor spreading there is extensive stretching and thinning of the continental lithosphere with virtually no associated magmatism. The other held that the continental lithosphere undergoes a small amount of extension with voluminous magmatism. Drilling on Legs 103 and 104 showed that both hypotheses may be correct. Drilling on the Voering Plateau proved that at least some seaward-dipping reflector sequences noted on multichannel seismic records are large accumulations of volcanic rocks, while drilling on the Galicia margin showed that continents can also rift apart with little to no magmatic input.

Drilling and coring technology

ODP and DSDP have generated and benefited from many technological developments specifically required for scientific ocean drilling. DSDP was based primarily on standard oil industry technology such as rotary drilling, wireline coring and dynamic positioning. To collect more scientifically useful data, however, technology had to be advanced. Deeper drilling required reentering holes to replace old, worn-out drill bits. Two years after DSDP began, it achieved the first hole reentry on the deep seafloor. DSDP engineers and scientists also realized that standard rotary drilling destroys much of the fine structure of unconsolidated sediments. After ten years of effort, the hydraulic piston corer (HPC) was successfully deployed. Development of the HPC led to the advanced piston corer (APC) and ODP's current ability to sample unconsolidated sediments with minimal disturbance.

ODP's other mandates, such as drilling into zero-age crust, led to further technological achievements. To stabilize the drill string when spudding into sediment-free basalt, a hard-rock guide base (HRGB) was developed. Three successful deployments of the HRGB have proved the feasibility of drilling into bare rock at the seafloor. This new technology soon will be used again to drill the East Pacific Rise crest for further studies of ocean crust generation and hydrothermal circulation. ODP has also collaborated with industry on the po-

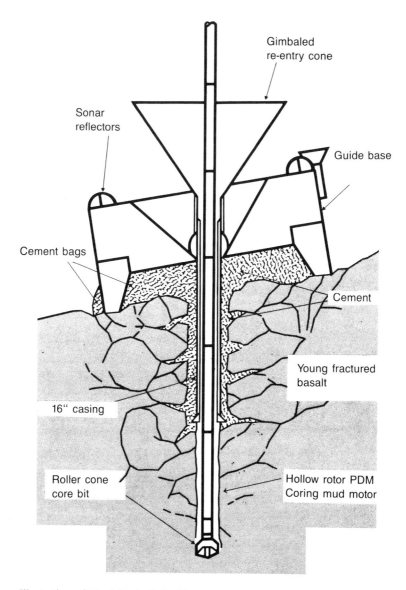

Illustration of Hard Rock Guide Base

tentially revolutionary adaptation of land mining coring systems to ocean drilling by developing a diamond coring system to improve recovery in "difficult formations" such as fractured basalts, loose and broken rocks, unconsolidated sands, chert, and sloughing clays and shales. Diamond coring technology developed by the mining industry uses smaller diameter core bits and much higher bit rotation speeds. The diamond coring system has been tried once on the *Joides Resolution,* with encouraging results, and will be tested again, in deeper water, during 1990.

Downhole measurements

A major thrust of the Ocean Drilling Program has been its downhole measurements program. ODP now fields the most sophisticated array of logging and sampling downhole tools in the world that are available for routine use. These tools have provided new data on the nature of climate variability in the global ocean and the first *in situ* measurements of the physical properties of the deep ocean crust. They also permit measurement of the state of stress in the lithosphere, as well as changes in fluid composition. Logs are an invaluable resource to ocean drilling because they record continuously downhole. Their continuity often allows resolution of complex cycles of deposition, which discontinuous core data often miss. Unlike measurements on core material, which are irreversibly changed by acquisition, *in situ* measurements record properties of the broader environment around the borehole and lead to better, more representative determination of chemical and physical properties of that environment. In addition to the challenges already imposed by taking measurements downhole, ODP will soon test the limits of technology by trying to log in high-temperature holes (about 350°C) near the crest of the midocean ridge.

Impact

Oil industry

Scientific ocean drilling has had an impact on the exploration for natural resources. In particular, DSDP and ODP drilling have made significant contributions to the testing of marine depositional models. Verifying these models is important to the oil industry because they can be extremely useful tools in predicting the distribution of reservoir deposits, source rocks, and sealing shales within a basin. While these models can be tested on land by careful geologic field work, models of marine deposition are best tested at sea. Scientific ocean drilling programs enhance the database collected by drilling for oil exploration because:

(1) the sites can be located to test specific scientific hypotheses concerning the nature of depositional sequences (not to find reservoir oil), and
(2) the sites are both continuously cored and logged so that a full suite of data on the section is available for study.

Additionally, ODP results have provided definitive data on evolutionary trends of marine organisms and the consequent temporal and stratigraphic standards on which the petroleum industry relies for much of the geological column.

While the scientific database provided by ODP has clearly benefitted the oil industry, ODP technological developments also have applications beyond scientific ocean drilling. A few of these ODP engineering developments are:

- Measurement of actual stress during deployment and while drilling with long drill strings. These measurements are important for the design of slimline risers for deep water oil field drilling.
- Development of the wireline-retrievable Motor-Driven Core Barrel and positive displacement coring motors. The 24 centimeter (9-1/2 inch) positive displacement coring motors should serve both science and industry as the downhole coring motors that are best suited for coring in crustal lithologies. ODP has been developing these coring motors with Eastman Christensen (located in the Federal Republic of Germany).
- Deep-water, real-time TV reentry systems. This remote viewing system, which can be used by industry in oil field and ocean engineering applications, has proved to be both rugged and reliable for deep water reentries or ocean bottom surveying.

Mining industry

ODP research may also assist discovery of new base- and precious-metal resources on land, which requires increasingly more precise geological targeting of sites for intensive exploration effort. Geological models of ore formation must be based on knowledge of three-dimensional attributes of ore-bearing areas. Seafloor exploration by deep-sea cameras and submersibles suggests that some of the most important ore-forming processes operate in submarine environments, but little is known about the ore-forming processes that occur at depths beyond which conventional piston coring methods reach (about 20 meters, but usually less in hydrothermal zones). Deep ocean drilling in regions from continental margins to ridge crests yields vital information on the structural, petrogenic and stratigraphic controls, as well as the sequence of events and the sources of metals for ore formation.

Education

ODP provides educational opportunities for the scientist, student, and layperson. Over seven hundred scientists from all over the world have participated in studies aboard the drill ship and many more have used ODP's shorebased facilities (e. g., Site Survey Data Bank, core repositories, log analysis center) to further their research. Lamont-Doherty's Borehole Research Group has held logging schools in most ODP member countries to educate university and industry scientists about the benefits of downhole logging, the tools available on the drill ship, and the facilities at Lamont-Doherty's log analysis center.

Each ODP member country has its own programs to promote drilling-related opportunities for students. The JOI/U.S. Science Support Program, for example, has a graduate fellowship program to encourage student participation on the drill ship and ODP-related research. In the U.K. similar opportunities exist and, because the National Environment Research Council (NERC) is the sponsor of many of the research students, arrangements to extend studentships to allow for the additional commitments of ODP participation are often made. In this way, and others, many doctoral students have served as shipboard scientists where they have been exposed to "cutting-edge" geoscience and technology equivalent to that found in a first-rank university.

Citizens of many nations have been introduced to the unique capabilities of the *Joides Resolution* while they toured the ship during port calls. Highlights of ODP's history, achievements, and objectives have been presented at meetings of civic groups, industry professionals, and elementary, secondary, and college-level students around the world.

Other major earth science programs

It has become clear recently that the existence of ODP is vital for other major earth science initiatives to achieve their goals. Deployment of downhole seismometers in ODP holes has the potential to expand coverage of the Global Seismic Network and enhance the resolution of this powerful new array. New initiatives such as the Ridge Interdisciplinary Global Experiment (RIDGE) in die U.S. and BRIDGE in the U.K. depend in part on ODP's ability to drill and emplace instruments in young oceanic crust. Cooperation between the Nansen Arctic Drilling Program and ODP has recently been initiated to promote the retrieval of long cores from this largely unexplored ocean basin. New ties between ODP and continental drilling have also been initiated to facilitate the exchange of technology and ideas among the marine and terrestrial geoscience disciplines.

Future

What is next for ocean drilling? This plan presents 16 major scientific ocean drilling objectives, representing a distillation of workshop and panel discussions over the last 4 years and the conclusions of 2 major international conferences (COSOD I and COSOD II). The 16 objectives fall into 4 thematic categories:

Structure and Composition of the Crust and Upper Mantle
- Exploring the Structure of the Lower Oceanic Crust and Upper Mantle
- Magmatic Processes Associated with Crustal Accretion
- Intraplate Volcanism
- Magmatism and Geochemical Fluxes at Convergent Margins

Dynamics, Kinematics and Deformation of the Lithosphere
- Dynamics of Oceanic Crust and Upper Mantle
- Plate Kinematics
- Deformation Processes at Divergent Margins
- Deformation Processes at Convergent Margins
- Intraplate Deformation

Fluid Circulation in the Lithosphere
- Hydrothermal Processes Associated with Crustal Accretion
- Fluid Processes at Plate Margins

Cause and Effect of Oceanic and Climatic Variability
- Short Period Climate Change
- Longer Period Changes
- History of Sea Level
- The Carbon Cycle and Paleoproductivity
- Evolutionary Biology

These future drilling objectives are summarized below. A unifying goal is to obtain data concerning the complex relationship among the oceanic crust, overlying sediments, and seawater in order to better understand the dynamics of the earth system.

Structure and composition of the crust and upper mantle

Knowledge of the structure and composition of the oceanic crust and underlying mantle is critical to an understanding of how the solid earth has evolved through time, and the processes that have shaped its evolution. While plate tectonics has provided a basic kinematic framework for these studies, over the past decade there has been increasing interest in quantifying and modelling the actual physical and chemical processes involved in this solid-earth geochemical system. The objectives of these studies can be divided into three general areas:

(1) quantifying the global geochemical fluxes between the crust and mantle;
(2) investigating the magmatic and tectonic processes that control these fluxes
   at spreading centers, in intraplate settings and at convergent margins; and
(3) determining the composition and heterogeneity of the underlying mantle.

This process-oriented approach to lithospheric studies has spawned new initiatives like the Ridge Interdisciplinary Global Experiment (RIDGE) program and promises to revolutionize our understanding of geodynamics in the coming decade.

ODP can make important contributions to these lithospheric studies and, in some instances, ocean drilling is the only method by which some critical data can be obtained. Information provided by deep drilling, for example, is the only way of determining the bulk composition and *in situ* physical properties of the oceanic crust, interpreting the geological significance of seismically defined crustal layering, and constraining the alteration history and aging of the oceanic crust. Thus, one key goal of crustal drilling in the next decade is to develop the capability for deep crustal penetration, with the ultimate objective of drilling through an entire 6-kilometer-thick oceanic crustal section. In order to investigate crustal accretion processes, a "natural laboratory" approach ist favored in which arrays of relatively closely spaced holes are drilled (some shallow, others relatively deep), and used for a variety of short-term and long-term borehole experiments and observations. This type of drilling can provide unique constraints on the complex and interrelated magmatic, tectonic and hydrothermal processes occurring at oceanic spreading centers. The capability to establish at least one permanently instrumented seafloor "volcano observatory" along an actively accreting plate boundary is another major objective of ODP. Achieving these long-term goals will require major advances in crustal drilling technology, logging equipment and long-term borehole instrumentation, as well as close coordination between scientific planning and engineering development. Extra effort at coordination with other programs such as RIDGE will also be required.

Dynamics, kinematics and deformation of the lithosphere

In the 12 years beginning in 1989, ODP will be in a position to make new and unique contributions to knowledge of the dynamics and kinematics of the lithosphere and the processes of lithospheric deformation. These developments will be made possible by a new and more technologically advanced approach to scientific ocean drilling as well as the ability to drill deeper holes in unstable environments. *In situ* stress measurements in consolidated sediments and basement will permit evaluation of models of plate driving forces and reveal the dynamics of transform faults and ridge systems. Deployment of long-term geophysical observatories should provide a unique oceanic component to improve global seismic tomography of the deeper mantle and core, as well as detailed studies of dynamic processes in specific tectonic environments such as ridge crests and transform faults. Measurements of *in situ* stresses and long-term monitoring of earthquakes and physical and chemical parameters at lithospheric plate boundaries will provide new insight into orogenic processes. The study of lithospheric deformation increasingly will emphasize active processes and measuring such parameters as permeability, pore-fluid pressure and geochemistry. This research should improve understanding of the rheologic behavior of the lithosphere under stress and fluid flow at plate boundaries.

Under the theme of dynamics, kinematics and deformation of the lithosphere, ODP will emphasize concentrated drilling campaigns aimed at testing models of important tectonic processes. ODP will cooperate with other geoscience programs to devote more time to instrumenting, drillholes and taking downhole measurements in order to characterize the environmental and physical conditions of the rocks being deformed. These efforts will require much more detailed site surveys to integrate the drill-hole data with regional geology and maximize the value of the drilling results. In this way, and others, the entire program will coordinate more closely with other global geosciences initiatives.

Fluid circulation in the lithosphere

The role of fluids in the lithosphere is a new frontier of current marine research. Temperature-driven hydrothermal flow is ubiquitous in the global framework of ocean plate accretion at midocean ridges and backarc spreading centers. Tectonically driven hydrologic flow determines the style of sediment accretion and mechanism of lithification at convergent margins. Ultimately, subducted fluids, escaping dewatering in accretionary complexes, may control the distribution of deep-focus earthquakes. Gravity-driven subsurface flow is increasingly recognized as a major process in chemical redistribution and alteration within the sedimentary regime of passive margins. Ocean drilling is the leading scientific effort for advancing understanding of these fluid regimes.

Another set of objectives involves the poorly understood movement of fluids in marine sedimentary sections, whether driven by gravity, mechanical stress or heat. The transport of heat and material by these fluids affects the rates of geochemical cycling and is vital to understanding the oceanic and atmospheric abundances and variability of materials such as CO_2. In addition, fluid compositions are diagnostic of the chemical reactions occurring in these environments and illuminate the conditions at depths and temperatures beyond our ability to sample. In those regions that can be reached by the drill, the study of the changes in composition and mineralogy outlines the history of temperature, pressure and chemical reactivity which have brought marine sediments and the associated oceanic crust to their present condition. Some fluid-flow regimes lead to accumulations of metalliferous deposits which are analogous to ore occurrences of economic importance on land. ODP drilling presents a unique opportunity to sample and study these processes as they occur.

The interaction of fluids with sediment and oceanic basalt is a first-order process affecting the global cycling of elements. Drilling helps to identify sinks and sources in the mass transfer of these elements among the earth's reservoirs. A definition of geochemical budgets and an identification of reaction fluids, source depths and pathways of dewatering are the overall objectives in ODP's research initiatives concerning the role of fluids in the lithosphere.

Cause and effect of oceanic and climatic variability

ODP also greatly contributes to efforts to understand the causes and consequences of global climatic and environmental change. Understanding complex interactions in the earth climate system is essential for dealing with the consequences of future change. Paleoceanographic records obtained through ocean drilling are essential to reconstructions of past temperature, chemical composition and circulation of the atmosphere; ocean sea-surface temperatures and salinity; the changing wind- and water-borne flux of material from the continents; and the level of productivity of different regions of the ocean. Ocean drilling information permits reconstruction of the positions of the continents, the gateways from one ocean basin to another, the topographic barriers to deep circulation and the degree of flooding of the adjacent land masses. These data also assist derivation of the history of geochemical fluxes of the earth's system caused by processes at the ridge crests and subduction zones and by volcanic activity. Thus, drilling facilitates access to both the historical record of past climate over a range of time scales, and to the processes acting to control and change the climate system.

Advances in conceptual and mathematical modeling (the latter benefiting from the computer revolution) make ODP uniquely well-placed to apply focused deep-sea drilling to solving key questions about the fundamental controls of change in the global environment. The program has firmly established its ability to obtain remarkable records of the last few million years of earth history. These records provide a wealth of information about the interactions among earth orbital geometry, atmospheric circulation and carbon dioxide level, ocean chemistry and circulation, the cryosphere and the biosphere. ODP's objective is to extend this ability in order to obtain equally good sequences covering longer intervals during which continental position, ocean circulation, sea level, and changing chemical fluxes played critical roles in changing the global environment.

More than any other aspect of ODP, paleoceanographic research has evolved to the point where global systems models can be tested. A major objective of the next phase of the drilling program will be developing better high-resolution recovery techniques and high-resolution downhole measurements. These techniques will be applied to the systematic collection of the critical temporal and spatial data necessary to test existing models and, inevitably, to develop new ones.

Program Requirements

The annual funding levels presented in Table 1 are the best available cost estimates for maintaining a scientific ocean drilling program that is on the leading edge of ocean research and technology. The budget is separated into two main categories: standard operations and special requirements. Standard operating funds enable drilling and logging to continue year-round, *ODP Proceedings* to be published, modest engineering development to continue, and allow the ODP Site Survey Data Bank, JOIDES Office, and administrative offices to maintain operations. Support for geophysical surveys of potential drill sites and scientists' participation in ODP would continue through separate programs in each member country.

To meet many of ODP's scientifc goals over the next ten years, there are also special program requirements. Some of these include:

- development of drilling and logging technology for high-temperature drilling, sampling and measurement in highly corrosive environments;
- further development of the diamond coring system as well as slimline logging tools in order to improve ODP's capability to core and log in fractured, hot and brecciated rocks;
- purchase or rental of slimline risers and blow-out preventers so that ODP can drill into initial rifting sequences where organic-rich sequences may be found, and drill deeply into accretionary complexes for fluid and tectonic deformation studies where complete circulation and safety control will be necessary;
- rental of ice-support vessels so that the drill ship can operate safely in high latitudes;
- rental of a jack-up rig so that ODP can drill shallow-water atolls; and
- further development of packers, fluid samplers and other tools so that the *in situ* properties of the rocks and fluids in the boreholes may be properly measured.

Other special requirements include replacing drill pipe, dry dock expenses, replacing shipboard laboratory equipment, increasing the number of staff scientists and marine technicians, computer and curatorial improvements, and increasing publications staff to speed up production of *ODP Proceedings* volumes. The feasibility of using a light drilling vessel in tandem with the *Joides Resolution* ist also being explored.

Table 1: Long Range Plan Budget Summary.

(By fiscal year in millions of dollars)

Standard Operations	1989	1990	1991	1992	1993	1994	1995	1996	1997	1998	1999	2000	2001	2002
Science Operator														
Headquarters	1.66	1.77	1.89	1.97	2.06	2.15	2.25	2.35	2.46	2.58	2.70	2.83	2.97	3.11
Science Services	3.15	3.45	3.64	3.84	4.05	4.27	4.50	4.75	5.01	5.29	5.58	5.90	6.22	6.57
Drilling & Engineering	3.12	3.16	3.30	3.44	3.58	3.74	3.90	4.07	4.24	4.43	4.62	4.83	5.04	5.27
Technology & Logistics	3.04	3.49	3.65	3.82	4.01	4.20	4.40	4.62	4.84	5.08	5.32	5.59	5.86	6.15
Science Operations	.96	1.00	1.05	1.11	1.16	1.23	1.29	1.36	1.43	1.50	1.58	1.66	1.75	1.85
Subtotal	**11.93**	**12.87**	**13.53**	**14.18**	**14.86**	**15.59**	**16.34**	**17.15**	**17.98**	**18.88**	**19.80**	**20.81**	**21.84**	**22.95**
Ship Operations	18.57	19.02	19.59	20.18	20.78	21.40	22.05	22.71	23.39	24.09	24.82	25.56	26.33	27.12
Subtotal	**30.50**	**31.89**	**33.12**	**34.36**	**35.64**	**36.99**	**38.39**	**39.86**	**41.37**	**42.97**	**44.62**	**46.37**	**48.17**	**50.07**
Wireline Logging														
Operations	1.28	1.36	1.41	1.47	1.53	1.60	1.67	1.74	1.81	1.89	1.97	2.05	2.14	2.23
Schlumberger Subcontract	1.68	1.76	1.86	1.97	2.09	2.21	2.35	2.49	2.64	2.80	2.97	3.15	3.33	3.53
Other Subcontracts	.07	.03	.03	.03	.03	.03	.03	.03	.03	.03	.03	.03	.03	.05
Subtotal	**3.03**	**3.15**	**3.30**	**3.47**	**3.65**	**3.84**	**4.05**	**4.26**	**4.48**	**4.72**	**4.97**	**5.23**	**5.50**	**5.79**
Program Management														
Subtotal	**1.60**	**1.67**	**1.75**	**1.84**	**1.94**	**2.03**	**2.13**	**2.24**	**2.35**	**2.47**	**2.59**	**2.72**	**2.86**	**3.00**
Total Standard Operations	**35.13**	**36.71**	**38.17**	**39.67**	**41.23**	**42.86**	**44.57**	**46.36**	**48.20**	**50.16**	**52.18**	**54.32**	**56.53**	**58.86**

Special Requirements

Science Operator

Science Services	.23	.23	.23	.23	.23	.27	.27	.27	.27	.27	.20	.20	.00	.00
Drilling & Engineering	.18	.18	.99	1.34	.99	1.34	2.40	2.90	2.40	2.90	1.94	1.94	.98	.41
Technology & Logistics	.20	.20	.20	.20	.20	.20	.20	.20	.20	.20	.20	.20	.00	.00
Science Operations	.14	.14	.14	.24	.24	.24	.24	.24	.24	.34	.34	.34	.17	.02
Ship Operations	.00	.00	.60	1.00	.00	.00	1.00	2.50	2.00	.00	1.00	.00	.00	.59

Wireline Logging

Special Tools	.25	.25	.25	.25	.25	.25	.20	.25	.35	.35	.28	.38	.08	.00

Program Management

Special Program Needs	.00	.00	.00	.00	.00	.00	.00	.00	.00	.00	.00	.00	.06	.01
Total Special Requirements	**1.00**	**1.00**	**2.41**	**3.26**	**1.91**	**2.30**	**4.31**	**6.36**	**5.46**	**4.06**	**3.96**	**3.06**	**1.29**	**1.02**
Total Program	**59.86**	**57.53**	**56.73**	**55.44**	**52.07**	**50.50**	**50.67**	**50.93**	**48.32**	**45.29**	**43.63**	**41.23**	**38.00**	**36.15**

Concluding Remarks

ODP is an international university where a multi-national group of scientists pool technical resources to tackle earth science problems of global concern. The drill ship provides a unique environment where scientists can discuss new ideas together as data is acquired and analyzed. ODP has been very successful in fostering international cooperation so that drilling proposals are now more often authored by scientists from several nations rather than from one nation.

ODP provides the only ground-truth capability available to a large number of earth science disciplines ranging from evolutionary biology to rock physics to seismology. This unique capability and DSDP/ODP's long history of successes have led scientists from these disciplines to rely on drilling and to presume its continued existence as part of the background matrix of their science. Much of the new earth science planned for the 1990s and the next century requires ocean drilling as a provider of samples, geophysical experiments or observatory sites.

Ocean drilling has evolved from an exploratory coring program to a thematically driven coring and logging program. ODP now must evolve into a coring, logging and observatory-building program in partnership with other major global geoscience studies.